当代科普名著系列

# The Big Ones

*How Natural Disasters Have Shaped Us*
*(and What We Can Do About Them)*

# 大灾变
## 自然灾害下我们如何生存

[美]露西·琼斯　著

高天羽　译

上海科技教育出版社

Philosopher's Stone Series

# 哲人石丛书

立足当代科学前沿

彰显当代科技名家

绍介当代科学思潮

激扬科技创新精神

**策　划**

哲人石科学人文出版中心

## 对本书的评价

◇

本书对自然灾害如何剧烈改变世界做了及时而实质性的回顾。琼斯是一流的叙事者，也是杰出的研究者。

——道格拉斯·布林克利（Douglas Brinkley），

《纽约时报》(*The New York Times*)畅销书《合法继承》(*Rightful Heritage*)及

《大暴雨》(*The Great Deluge*)的作者

◇

要解释灾害的科学以及人类面对灾害的心理，没有人比露西·琼斯做得更好。这本书的价值不可估量，作为历史和预言都是如此。

——阿曼达·里普利（Amanda Ripley），

《纽约时报》畅销书《世界上最聪明的孩子》(*The Smartest Kids in the World*)及

《不可想象之物》(*The Unthinkable*)的作者

## 内容提要

地震、洪水、海啸、飓风和火山,这些灾难都来自赋予我们星球生命的力量。地震给予我们自然的泉水,火山造就肥沃的土地。只有当这些力量超过我们的承受限度时,它们才成为灾难。总体来看,这些自然事件塑造了我们的城市和城里的建筑,并影响了我们思考、感受、斗争和团结的方式。一部自然灾害的历史,就是一部我们自身的历史。

在书中,露西·琼斯博士对于一些极具破坏性的自然灾害提供了耳目一新的看法,这些灾难的"余波"直至今天我们仍在感受。琼斯探讨了公元1世纪庞贝的火山喷发,回顾了1862年的加州洪水,考察了2004年的印度洋海啸及2017年的美国飓风等,由此揭示了全球化在发扬人性、治愈伤痛方面的潜能。

当危险地区的人口增长、整个世界的温度上升,自然灾害的冲击将变得前所未有。《大灾变》不仅是一部关于历史或科学的著作,还是对行动的号召。天灾注定发生,但人祸可以避免。在这本活力充沛、研究详尽的著作里,琼斯博士献上了对我们过去的观察,并让我们做好准备,以应对未来的大灾难。

## 作者简介

露西·琼斯(Lucy Jones)博士曾在美国地质勘探局任地震学家达33年,离任前是勘探局的风险排除科学顾问。她也是加州理工大学的助理研究员,曾在麻省理工学院获地球物理学博士学位,在布朗大学获中国语言文学硕士学位。琼斯目前在南加州居住。

本书写给我们的无名英雄：城市规划者、建设官员，

还有那些热爱自己的社区、

每天努力工作预防天灾变成人祸的人们。

CONTENTS 目录

# 目　录

## ◇ 引　言

# 想象一个没有洛杉矶的美国

　　全世界几乎每时每刻都有地震发生。在我生活并作为地震学家工作的加州南部,地震台网的内部设置了一台报警器,如果连续12小时没有记录到地震,报警器就会响起——因为这意味着记录系统肯定出了故障。自该台网在20世纪90年代启用以来,加州南部还从未出现过连续12小时没有地震的情况。

　　最常见的是轻微的地震。比如2级地震,只有在非常接近震中的地方才有震感。每一分钟,地球上都有一场2级地震发生。5级地震比较强烈,已经可以把架子上的物品震下,并破坏某些建筑物了。在大多数日子里,地球上都会发生一两场5级地震。7级地震可以摧毁一座城市,平均一个多月就来一场,不过人类很幸运,它们大多发生在水下,即便在陆地上发生的那些也往往远离人群。

　　然而在过去的300多年里,这些大大小小的地震从来没有在圣安德烈斯断层的最南段发生过,连最轻微的也没有。

这种情况是会变的。圣安德烈斯南部在那之前曾发生过大型地震。板块构造并未突然停止,它至今仍在推着洛杉矶往旧金山的方向移动,速度和你指甲的生长速度相同——每年近2英寸(约5厘米)。虽然这两座城市位于同一个州、同一片大陆,但它们处在两个不同的构造板块上。洛杉矶位于太平洋板块,那是全世界最大的构造板块,它从加州伸展到日本,从阿拉斯加的阿留申岛弧伸展到新西兰。旧金山位于北美板块,它向东延展至大西洋中脊和冰岛。这两个板块的边界就是圣安德烈斯断层了。沿着这条断层,两个板块缓缓与对方擦身而过。它们的运动势不可挡,就像我们无法使太阳不再发光。

有一件事说来吊诡:圣安德烈斯断层**只会**制造大型地震,原因却是它属于地震学家所谓的"软弱断层"(weak fault)。过去千百万年来,它已经被地震打磨得十分光滑,再没有粗糙不平的棱角来阻止破裂继续滑动了。

想要明白其中的机制,你可以想象自己在一个已经铺满地毯的房间里又放了一块小地毯。放好之后,你改变主意,决定把它朝着壁炉再挪1英尺(约0.3米)。如果这块小地毯是直接放在硬木地板上的,那么挪动起来就比较容易:直接抓住它的一边拖过去就是了。但现在它的下面已经有了一块地毯,大地毯和小地毯之间的摩擦使它无法轻易被挪动。这时你怎么办? 你可以走到小地毯远离壁炉的那一边,把它提起来朝壁炉的方向挪动1英尺,然后放下。这时小地毯上就形成了一处隆起,你可以把这处隆起推向壁炉,直到整块小地毯都离壁炉近了1英尺。

在一场地震中,地震学家看见的不是一处隆起,而是一个"破裂前沿"(rupture front)。在圣安德烈斯断层这块"小地毯"上,"隆起"的移动制造了地震能量,引发了我们感受到的地震。地震时**局部的摩擦暂时降低**,使断层能在**较低的应力下**移动。就像那块小地毯无法一下子挪动到位,一场地震也必须从表面的某一点(即震中)开始移动,并使隆起(即破裂前沿)行进一段距离。

破裂前沿的行进距离是决定地震规模的主要因素。如果它行进1码（约0.9米）就停止，那就是一场1.5级地震，这太小了，没有震感。如果它沿着断层行进了1英里（约1.6千米）才停止，那就是一场5级地震，会对周围造成少许破坏。如果它的行进达到100英里（约161千米），那将是一场7.5级地震，会造成广泛的破坏。

圣安德烈斯断层已经被打磨得如此光滑，乃至当地震发生时，再没有什么能限制它的规模了。隆起会沿着断层不断前进，每经过一点便向周围辐射能量，引发一场地震，这场地震的时间可以持续1分钟或者更久，震级可以是7级甚至8级。只有当这场地震将断层震裂、制造出新的粗糙边缘之后，震级较低、破坏较小的地震才会发生。

我们至今仍在等待着这样一场强震。等待着。

圣安德烈斯断层最南段的最近一场地震发生在1680年前后。我们之所以知道这一点，是因为它使得卡维拉湖的湖岸发生了移动。卡维拉湖是一个史前湖泊，大部分面积位于今天的科切拉峡之内，1680年前后的那场地震，使得现在每年举办科切拉音乐节的平地都淹进了水里。那场地震留下了地质学印记，更早的地震也是如此，我们因此得知，这一带在公元800—1700年总共发生了6次地震。由此也可以算出，从圣安德烈斯断层的这一段发生最后一次地震至今的330年，大约是之前历次地震间隔时间的两倍。我们不知道为什么我们见证了这样漫长的一次间歇。我们只知道构造板块之间始终在缓慢而稳定地"研磨"，不断积累偏移和能量，等待下一次的释放。自从南加州的上一次地震之后，构造板块已经积累了大约26英尺（约8米）的相对运动，它们如今仍被断层上的摩擦力禁锢着，等待在一次剧烈的摇晃中释放出来。

在未来的某个日子，或许明天，或许10年之后，多半是在本书许多读者的一生之中，这条断层上的某个点将会挣脱摩擦力的控制，开始运动起来。到那时，这条存满能量的软弱断层将再也无法强迫它静止。破裂将以每秒2英里(3.2千米/秒)的速度沿着断层行进,沿途激起的震波将会传遍大地,撼动南加州这个大都会区。如果我们走运,断层会撞上阻碍,只行进百来英里就停止。如果真是这样,那它就是一场7.5级地震。然而根据已经储存的能量推测,许多地震学家都认为它至少会行进200英里(约322千米),达到7.8级,甚至行进350英里(约563千米),达到8.2级。

要是破裂一直伸展到加州中部,到达断层上靠近帕索罗布尔斯和圣路易斯-奥比斯波的那段,它就会牵动圣安德烈斯断层中行为与众不同的一部分。这个部分和其他部分一样,也在以指甲生长的速度积累构造偏移。但它还有一个名称叫"蠕变段"(creeping section)。在它内部存储的能量不会在一次大型地震中释放殆尽,而是会随着较小的运动渐渐渗出,有时牵动轻微的地震,有时根本不释放地震能。我们认为并且希望,这个蠕变段可以起到压力阀门的作用,使未来的地震不至于增长到8.2级以上。

2007—2008年,作为美国地质勘探局的风险排除科学顾问,我曾领导一支由300多名专家组成的队伍,开展了一个名为"振荡"(ShakeOut)的研究项目,目的是预见这样的一次地震将会造成怎样的后果。我们建立了一场地震的模型,它沿着圣安德烈斯断层最南段200英里(约322千米)处行进,从墨西哥边境一带一直到洛杉矶以北的山脉。这样一次地震是可能的,但还不是最坏的情况。

我们发现,在这场模拟地震中,洛杉矶将在强烈震动中度过50秒(与之相比,1994年的北岭地震仅持续7秒,就造成了400亿美元损失)。洛杉矶周围的100个城市也将经历这样"漫长的"震动。这一带的山区将发生数千场滑坡,阻断我们的公路,埋葬房屋和重要管线。

我们的模型显示,届时将有15万座房屋倒塌,30万座房屋严重损坏。我们知道那些会是什么房屋。它们和其他地方的其他地震中倒塌的房屋是同样的类型。现在我们已经不允许再建那样的房屋,但还没有强制现有的房屋改建以符合抗震标准。我们或许会目睹一些高层楼房倒塌。1994年的洛杉矶地震和1995年的神户地震暴露了钢结构建筑的一个建造缺陷，这个缺陷会使楼房的钢质骨架开裂。而这样的高楼至今仍矗立在洛杉矶的市中心。我们将会看见许多崭新的建筑被贴上"红标"，显示它们太过危险不能进入，必须大修或者拆除。美国的建筑法规并不要求开发商建造的房屋在大地震后**仍能使用**，只要在地震中不死人就行了。如果这些法规得到了贯彻，那么根据最新的法规建成的房屋中，将有约10%被贴上红标。或许有1%的房屋会部分垮塌。对于一幢房屋来说，有99%的概率不会倒塌已经非常令人安心，但是对于一个有100万幢房屋的城市，要接受1%的建筑将会倒塌就另当别论了。这场地震多半不会使你丧命，但它可能让你上不了班——在很长的时间里都上不了。

在我们预测的各种结果中，地震引发的火灾是极可怕的一种。地震会破坏输气管，弄坏电器，使它们落到可燃的织物上，它们会洒出危险的化学品，还有许许多多引发火灾的方式。20世纪最大的两场城市地震是1906年的旧金山地震和1923年的东京（关东）地震。这两场地震都导致了大火爆燃，令城市的大部分地区烧成了白地。有些人认为现代技术已经大致解决了火灾问题，因为在20世纪后期加州的两场大地震，即1989年旧金山的洛马·普雷塔地震和1994年洛杉矶的北岭地震，都没有引发毁灭性的火灾。但这个观念是错误的。不是说我们的技术没有进步，而是在地震学家眼中，洛马·普雷塔地震和北岭地震都算不上大。这两场地震的亲历者也许不同意这个说法，两座城市在地震中的破坏也无可否认。但是这些亲历者并不了解一场真正的大地震是什么概念。

地震学家所说的"大"地震（震级7.8或更高）不仅是更强烈的震动，还会波及更大的范围。在洛马·普雷塔和北岭，最强烈的震动发生在震中附近，而震中并不位于城市核心。洛马·普雷塔的震中位于圣克鲁斯山脉，北岭的最强震动发生在圣苏萨娜山。即便如此，这两场地震仍各引发了

100多场明显的火灾。当时两个地区互助扑灭了大火。旧金山和洛杉矶向外发出求救信号,其他地区的消防员纷纷驰援。火情之所以没有蔓延到整座城市,是因为有整个地区消防队员的英勇努力。

但假如发生了一场我们模拟的那种地震,那么南加州的所有城市都将燃起大火。到时求救的呼声只会换来对方急切的求助。只有北加州、亚利桑那和内华达才有能力驰援。那些地方的消防队员必须跨过圣安德烈斯断层来到南加州。而那时断层已经移动了20—30英尺(约6—9米),破坏了周边的所有公路。救援者可能要耗费几天工夫才能将设备运过破碎的公路。等消防队员到场时,他们会发现给消防栓供水的管道已破裂、干涸。我们的这个分析曾交给北岭和洛马·普雷塔两地的消防局长审核,我们的结论是火灾会使地震造成的经济损失和人员伤亡数翻倍。届时将会燃起1600场火灾,其中的1200场会发展成大火,需要不止一支消防队来扑救。然而南加州并没有那么多消防队。

别看这个场面糟糕,情况还可以更坏。"振荡"项目必须说明地震当时的天气,于是我设定了一个凉爽平静的日子。遗憾的是,现实中老天不会这么帮忙。如果地震的当天正刮着恶名昭彰的圣塔安娜风,就是那种吹得南加州山火势蔓延造成数十亿美元损失的恶风,那火势或许就无法阻止了。

大多数人还是能活下来的。我们估算地震中会死1800人,需要紧急救治者达53 000人。由于医院本身的损坏,相当数量的床位将无法服务伤员。到医院去也会变得很困难。桥梁将无法通行,倒塌的建筑把废墟洒满街道,电力中断,交通灯也不再发光。许多人将被困在屋内,救援人员无计可施。许多受灾群众只能依靠邻居救援。经济损失将超过2000亿美元。

对南加州的居民来说,他们在很长一段时间内都将无法恢复正常生活。大震之后的几个月里还会发生数万场余震,有些余震本身就有很强的破坏力。支撑城市生活的各个系统，包括电力、煤气、通信和上下水，都将失灵。整个圣安德烈斯断层沿线的交运系统全部中断，无法再输送食物、水和能量。在一个比较简单的社会里，即使失去了下水道系统，你也可以在后院里搭一个临时的屋外厕所；但是在一个人口密集的现代城市，失去下水道可能导致一场严重的公共卫生危机。城市之所以为城市，是因为它有一套套复杂的工程系统在维持生活。这样一场地震将使这些系统失效。

我们的模型中有一半的经济损失来自倒闭的商户。美容院没有了水就无法恢复营业。办公室没有了电也无法运作。互联网中断，技术工人就不能再远程办公。零售店的日子也不会好过，因为店员和顾客失去了到店里来的交通工具。停电时，加油站不能加油，也接受不了你那张连不了网的信用卡。到时候一个月洗不上一次澡，谁还愿意待在洛杉矶？更不用说在这里工作了。

到这里，我们的技术分析就到头了。我们的科学家、工程师和公共卫生专家能估计出房屋倒塌、管道破裂、四肢骨折、交通阻断的场景。但南加州的未来终究是社区的未来。我们知道南加州的物理结构将会受到怎样的破坏，而它的精神又将遭到怎样的摧残呢？

自人类诞生之日起，自然灾害就一直折磨着我们。我们在河流和断层沿线的泉水附近耕种，因为方便汲取水源；我们在火山形成的山坡上耕种，因为土壤肥沃；我们还在海岸附近耕种，因为方便捕鱼和贸易。但这些地方也将我们置于破坏性的自然力量的威胁之下。我们熟悉了那些偶尔发生的洪水、热带风暴和短暂的地震。我们学会了如何建造防洪堤，或许还有海塘。我们给房屋添加支柱。我们在经历了第10次轻微地震之后已经不那么害怕。我们开始感到自信，觉得自己可以掌握自然了。

自然危害（natural hazard）是地球的物理过程所产生的必然结果。只有当它们发生在人类的建筑内部或附近,并且后者无法抵挡这突然的变化时,自然危害才成为自然灾害(natural disaster)。2011年,一场6.2级地震袭击了新西兰基督城,造成185人死亡和约200亿美元的经济损失。但其实这样规模的地震每两天就会在世界上的某个地方发生。新西兰的这场规模不大的地震之所以会成为灾害,是因为它正好发生在城市下方,加上那些建筑和基础设施又造得不够牢固,没能抵挡住它。自然危害是必然的,但灾害不是。

我的整个职业生涯都在研究灾害。其中大部分时间我都在研究统计地震学,努力了解地震发生的时间和方式,并试着找出其中的规律。从科学上来说,我和同行们可以证明,就人类的时间尺度而言,地震的发生是随机的。但是我们也发现,"随机"不是一个可以让公众接受的概念。我认识到对于预测的渴望其实是对于掌控的渴望,于是我将科研的重心转向了如何预测自然灾害的**影响**。我的目标是赋予人们做出更好选择的能力,以便人们提前阻止破坏的发生。

美国地质勘探局,这个负责用科学研究地质灾害的政府机构,是我一生的职业家园。我们在南加州开展过一个项目,后来这个项目扩展到了全国,我们研究洪水、滑坡、海岸侵蚀、地震、海啸、野火和火山,我们的目标是在社区和科学信息之间牵线搭桥,好让居民们更加安全,具体包括在暴风雨中预测滑坡,在生态管理中提出野火控制建议,更好地判断优先事项以降低大地震的风险。

作为科学家,我还要和同行们在地震之后向公众披露信息。我发现大众其实很渴求科学,但常常不是出于我盼望的那种理由。我认为可以利用民众的这种渴求心理停止损失。但民众在自然灾害中求助于科学家,不仅是为了减少损失,也是为了减少恐惧。每当我给地震命名、确定断层和震级时,我都会无意中发现自己正像数千年来的牧师和萨满那样安抚人心。我在将大地母亲随机而可怕的力量加以包装,使它看起来仿佛可以被控制似的。

就空间上说,自然灾害的确可以预测——它们会在什么地方发生并非随机。洪水必然在河流附近泛滥,大地震(一般来说)肯定沿着大的断层袭击,火山喷发绝对发生在有火山的地方。但它们**何时**发生,尤其是就人类的时间尺度而言何时发生,却是随机的。科学家说某个事件的发生是"长期必然、短期偶然"(random about a rate),意思是我们知道这个事件在漫长的时间中会发生几次。比如,我们对一条断层有足够的了解,知道它的沿线会以特定的频率发生地震——肯定会的。我们研究某个地区的气候,也可以做到让它的平均降水量变得可以预知。但是具体到今年是洪灾还是旱灾,这条断层上的最大地震是4级还是8级,那就完全是随机的了。身为人类,我们不喜欢这种感觉。随机意味着每时每刻都有风险,这着实令人忐忑。

心理学家描述了一种"归一化偏差"(normalization bias),即人类的目光无法超越自身之外,这使得我们对当下的体验或者最近的记忆成了我们定义可能事件的标准。我们认为自己要面对的不过是一些常见的小事,因为谁的记忆中都没有发生过大事,所以大事不可能发生。但如果发生了撕裂整个断层的地震、挪亚方舟级别的洪水,或者一座火山全力喷发,我们看到的就不是普通的灾害了。我们将面对的是一场劫难(catastrophe)。

在那样一场劫难中,我们会发现自己。人群中会产生英雄。我们会赞美敏捷的思考和百折不挠的生存意志。我们会见证平凡人的勇敢壮举,并为此赞扬他们。在我们的社会中,那些逆着逃跑人群冲入失火建筑的消防员享有特殊的尊崇地位。灾难电影总是把英勇的救援者作为主角,从1974年《大地震》(*Earthquake*)中的赫斯顿(Charlton Heston),到1997年《活火熔城》(*Volcano*)中的汤米·李·琼斯(Tommy Lee Jones),再到2015年《末日崩塌》(*San Andreas*)中的"巨石"强森(Dwayne Johnson),都是这样的英雄。这类电影里也总有一个坏人,他要么是隐瞒了预警信号的政府官员,要么是独占最后一条救生船的自私且胆小的灾民。

我们对受灾者表示同情,因为我们知道遭殃的也可能是自己。实际上,这种受灾的随机性正是我们大多数情绪反应的原因,也是它在激励我们慷慨捐献。对许多人来说,帮助受灾者相当于某种潜意识的幸运符,它能帮助自己避免和灾民同样的命运。我们向上帝祈祷,是为了自己不要承受危险。

当祈祷失效、劫难落到我们头上时,我们会无法接受这种不可逆转、令人气愤的随机性。这时我们就会寻找责备的对象。在人类的大半部历史上,大型灾害始终被看作众神不悦的表现。从《圣经》中记载的索多玛和蛾摩拉,到1755年的里斯本大地震,那些幸存者和旁观者都宣布遇难者是因为自己的罪孽而受到了惩罚。这使得我们产生了一个错误的想法:只要不犯下同样的罪孽,我们就会得到保护,就不必担心被晴天霹雳击中了。

现代科学或许改变了我们的许多信念,但它并没有动摇我们潜意识的冲动。哪天南加州的那场大地震最终来袭时,我知道有两件事一定会发生。首先,流言四起,人们会说科学家早知道要来这么一场地震,但他们因为不想吓到公众所以什么都没有说。这是人类拒绝随机性的典型反应,他们尝试在随机中找出规律,想以此求得心安。其次,人们会责怪他人。有人会责怪联邦应急管理署,指责他们应对不力。还有人会责怪政府,说他们不该允许劣质房屋建造起来(这些人说不定也反对过危旧房屋的强制改建)。也有人会责怪科学家没有听从某个地震预言家在那一周的预言。还有人会沿袭千百年来的传统,责怪这片土地上耽于享乐的罪人。

我们绝不会做的是接受如下事实:有时候,灾难就是会平白无故落到我们头上。

大多数城市都有可能在未来发生一次大灾害。那些支撑起日常生活的港口、沃土和河流之所以存在，就是因为发生过足以造成灾害的自然过程。未来的大型灾害和我们在不久前经历的小规模灾害将有质的不同。一场普通的灾害只会摧毁你的房屋。而一场劫难不仅会摧毁你的房屋，还会摧毁你邻居的房屋以及你们社区的大部分基础设施，连社会的功能都会崩溃失灵。我们现在就必须做出选择，如果选择正确，当那些大型灾害来临时，我们的城市就会更容易存活并且恢复。而要做出明智的选择，我们就必须思考可能的未来，并审视已知的过去。

在这本书里，我会介绍地球上最大的几场劫难，并分析我们可以从中得出哪些关于自身的认识。其中的每一场都是当地的大灾，它们改变了当地社区的本质。它们共同显示了我们如何在恐惧的驱使下应对随机的劫难——我们做了怎样的推理，又表现了怎样的信念。我们将会看到人类记忆的局限，这局限使我们无法相信百万分之一，甚至千分之一概率的事件居然会影响自己。我们将会明白一个事实，那就是前方的风险正在增长。随着我们的城市变得愈加稠密复杂，有更多人正面临着更大的危机，那危机就是丧失维持生活所必需的各个系统。

我们将会到达那样一个境地，在那里我们的所有防御将被剥得干干净净，我们将被迫考虑一种没有意义的苦难，这种苦难会把人的精神压垮。因为说到底，我们会像面对生命中的一切事物那样面对灾难——从中寻找意义。而当我们找不到责怪的对象、也无法证明那是神明的惩罚时，我们还有什么意义可以寻找呢？我们喊出的"为什么是在现在？"或"为什么轮到我们？"可能永远没有一个满意的答案。但如果能将眼光放到意义之外，我们仍会发现一个具有深刻道德内涵的问题：当劫难来临，我们该如何帮助自己和周围的人活下去，并活得更好？

◇ 第一章

# 硫黄和火焰从天而降

罗马帝国庞贝,公元79年

那时因他发怒,地就摇撼战抖;山的根基也震动摇撼。

——《圣经·诗篇》第18章

人人都知道庞贝城的故事:大约2000年前,一场火山喷发,毒气和浓灰笼罩了这座罗马城市,人们在家中被活埋,短短几天工夫整座城市就彻底消失了。回顾历史,我们看见了这场灾难的不可避免,也惋惜当时居民的无知。**有谁会把城市建在一座活火山边上呢?** 今天参观庞贝遗迹的游客或许把它看成了一则寓言,以提醒自己建立社区的时候要考虑四周的威胁。庞贝就这样成了一个给人以启迪和娱乐的地方。我们也深信自己绝不会再犯同样的错误。

维苏威火山是一座典型的锥形火山,它矗立在那不勒斯湾畔,海拔超过4000英尺(约1.2千米)。单看它的形状,地质学家就知道里面是怎么回事了。巨大的锥形山体说明熔岩涌出的速度要超过它们被侵蚀的速度,因此它现在仍是一座活火山。以地质时间来度量,将来它肯定会再次喷发。熔岩向上堆积形成了山体,而不是像液体似的在地面上流动,说明这些熔岩相当黏稠。黏稠的熔岩可以锁住气体,至少锁住一段时间。这意味着喷发可以非常剧烈。要形成最高的火山,需要的是爆发式喷发所产生的一层层火山灰和冷却的熔岩——这样形成的火山被称为"层状火山"(stratovolcano)。

那为什么古人会冒着如此巨大的危险,在此地建造城市呢?这和西雅图建在雷尼尔山的阴影之下、东京仰望富士山、雅加达周围环绕5座活火山(包含喀拉喀托火山)是同一个原因:火山在不喷发的时候,是很适合安家的地方。火山土壤多孔,容易排水,又含有大量新鲜的营养物质,能种出肥沃的庄稼。火山周围变形的岩石常常能创造出优良的天然港口和防御山谷。板块构造或许注定了下一次喷发,但到底哪一代人会经历这种极端事件,完全是由概率决定的。对于大多数人来说,同公元79年庞贝城的居民一样,只要事情不发生在自己头上,那就随它去吧。

公元前6世纪维苏威火山喷发,使它在当地的奥西人(Osci)部落和后来的罗马征服者心中成了火神伏尔甘(Vulcan)的家园。从火山中周期性升起的蒸汽提醒人们,伏尔甘是众神的铁匠,他用一口天上的熔炉为众神打造兵器。但是火山土壤又实在肥沃,能够留住水分,支持罗马帝国最富饶的农业生产,于是在这座火山周围,文明开始兴盛。连续600年没有喷发,使得维苏威火山仿佛成了"**安全**"的代名词。

到公元1世纪初,维苏威的山坡上已经建起了几座城市,包括庞贝、赫库兰尼姆和米塞努姆。这一带在公元3世纪被罗马征服,由此成了一个繁荣兴旺的居住地。考古发掘揭示了一个欣欣向荣的商业中心。壁画上描绘了工匠纺织和印染的画面,那是当地的一项主要产业。研究者还发掘了一片庞杂的露天市场,里面餐馆和小吃店一应俱全。税收记录显示,庞贝的葡萄园在产量上要远远超过罗马城周边的那些葡萄园,它们出产的葡萄酒行销帝国的各个角落。(已知的第一个运用了双关语的品牌就来自庞贝,那是一只标着"维苏威"字样的酒坛。*)

有钱的罗马人在这里兴建别墅,享受海岸风光。大型公共市场、神殿和政府建筑反映出当地的生活已经远远超出简单的生存层次。在庞贝发掘出的许多房屋宽敞优雅。卧床由大理石雕成。有些房屋自带了浴池,公共澡堂则服务本地社区,水源来自罗马人的引水系统。庞贝,这个坐落于阿马尔菲海岸尽头的城市,在当时就已经是一处名流光顾的胜地了。

"灾难"(disaster)一词来自古罗马文化,它的字面意思是"被灾星照耀"。罗马人相信,人会遇到灾难是因为人的命运被写在了群星里。若用人的一生来度量,灾难似乎是随机发生的,这给人们带来了极大的恐惧,以至于所有人类文化都发明了为灾难赋予意义的方法。当莎士比亚(Shakespeare)在《朱利乌斯·恺撒》(*Julius Caesar*)中借恺撒(Cassius)之口说出"亲爱的布鲁特斯(Brutus),这个错误不在于星辰,而在于我们自己"时,他其实就在反对这种用命运来解释意外事件的文化陈规。

支配罗马人的不仅有命运,还有他们那些喜怒无常的神。和之前的希腊一样,罗马神话也将众神塑造成了一群自私无情的生物,尽管他们的力量非常强大。一个人如果介入了这些强大生物之间的冲突,灾难就会降临到他头上。火神伏尔甘的外表并不出众,但爱神维纳斯(Vennus)却被许配给了他。每当伏尔甘发现维纳斯在外面偷情时,他就会愤怒地激起一场火山喷发。

这种说法或许解释了火山喷发的原因,但它并不是一个令人安心的解释。它使得人们在那些小心眼的神和他们的暴躁脾气面前感到渺小无力。他们试着抚慰伏尔甘,每年都以他的名义举行宴会,想以此找回一点对于命运的掌控感。伏尔甘代表了火的好坏两个方面,好处如金属冶炼,坏处如火山喷发和野火(在炎热的夏天,后者是对粮食储存更普遍的威

---

* 这个品牌标识(Vesuvinum)是"葡萄酒"的维苏威语和拉丁语的合称。

胁)。于是在每年8月23日的火神节,人们都用篝火和祭品来安抚伏尔甘,好让他不要降灾毁灭他们的收成。

公元79年,庞贝城的居民正在庆祝火神节,他们不知道维苏威火山即将发生一次史上少见的剧烈喷发,现在的它已经进入了喷发前的最后阶段。我们对这次喷发的认识来自两个源头。第一个源头当然是距离那不勒斯15英里(约24千米)的庞贝城本身所保存的证据。当年喷发产生的火山灰在短短几周内埋葬了整座城市,并彻底摧毁了城里的社区。有90%的居民活着逃了出来,但他们永远抛弃了家园,这座城市的存在也几乎被遗忘了。庞贝遗迹一直到18世纪才被重新发现和发掘,那些没能逃脱的居民的遗体也因此重见天日。

第二个源头是一位年轻的罗马学者,他被称为"小普林尼"(Pliny the Younger),他写的几封信件流传了下来,其中描述了他舅舅老普林尼(Pliny the Elder)在这次火山喷发中身亡的事。这舅甥俩都是罗马的下层贵族,拥有骑士头衔,老家在意大利北部的科莫湖。老普林尼成年之后的20年始终在罗马军队中服役,主要在日耳曼作战。他一生未婚,在退役之后,孀居的姐姐就搬来和他同住,一同搬来的还有她年幼的儿子。孩子被舅舅收养,继承了他的名字,因此才被称作"小普林尼"。老普林尼在罗马很有名,因为他善于写作,并且和皇帝韦帕芗(Vespasian)关系密切。还在军队中时,他就写出了一部日耳曼战争史,其中细节丰富,比如描写了怎么利用马匹的动作更有效地用标枪作战。后期,他作为不同行省的统治者开展外交工作时,老普林尼又搜集了这些地区的历史和自然特征信息。

在维苏威火山喷发前两年,老普林尼出版了他的37卷著作《博物志》(Naturalis Historiae),它常被称为史上的第一部百科全书。书中记载了他在罗马帝国游历时的见闻,是罗马时代流传下来的一部文学巨著。在书的前言中,他写道:"人活着就要敏于观察。"我们也确实从他记录的广泛主题中看到了这股激情。虽然从现代科学家的角度来看,他或许显得有一些轻信(比如,他记录了几个长着人的身子和狗的脑袋的怪物种族),但他依然显示了一名科学家对知识的热爱。在第一卷的结尾,他这样写道:"向您致意,大自然,万物之母,请向我展示您的恩惠,因为我是罗马市民中唯一赞美您的人。"他对工作很痴迷,常因为写作忘记睡眠。

公元77年,在出版《博物志》之外,老普林尼还被皇帝任命为驻那不勒斯湾的舰队统帅。普林尼一家搬到了那不勒斯湾入海口的米塞努姆。从别墅的窗口,他们可以眺望海湾另一侧维苏威火山的壮丽景色。老普林尼一边指挥舰队行动,一边修订他的《博物志》。此时小普林尼正在接受法律训练,同时还跟舅舅学习,后来他自己也成了一名著作丰富的编年史家。

在经历几个世纪的平静之后,地震活动在1世纪下半叶有所增加,公元62年还发生了一次强震。那次地震破坏了庞贝城里的好几座房屋(一直到公元79年,其中的几座仍在修缮之中)。

在那之后的10年里,人们又感觉并记录了好几场地震,并且开始将地震视作正常生活的一部分了。公元79年8月23日的火神节庆典上,小普林尼在日记中写到当天发生了几场地震,但他并没有多加留意,"因为地震在坎帕尼亚地区本来就很常见"。但是现在我们知道,火山喷发之前,岩浆必须从几英里深的地下岩浆房涌到地表。这种涌动可以表现为地震、地表隆起和气体喷出。在火山喷发之前,压力可能要积攒几个月、几年甚至几十年之久。(因此,火山喷发比其他许多地质学现象都更容易预测。)

火神节的第二天,8月24日,坎帕尼亚所有居民的生活都迎来了一场剧变。中午刚过不久,维苏威火山就开始剧烈喷发,由气体和火山灰组成的喷发柱高耸入云。普林尼舅甥二人都从那不勒斯湾的另一侧看到了这幅景象。小普林尼是这样写的:"对于这场喷发,最确切的描述是将它比作一棵松树,烟柱射入高空,仿佛高高的树干,烟气则在柱顶向外扩散,又好似一根根枝条。"

老普林尼不愧是博物学家,立即想到了近距离观察这次喷发。他开

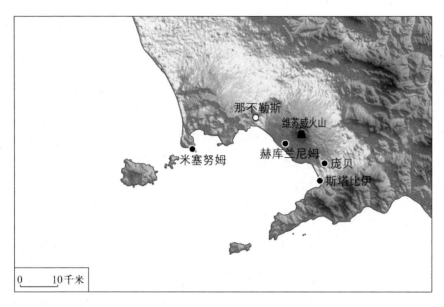

这是一张那不勒斯湾区域地图,图中的米塞努姆就是普林尼一家居住的地方,在公元79年的维苏威火山喷发中,图中的城市都遭遇了全部或者部分损毁。

始组织舰队帮灾民撤退,并亲自乘船到海湾对面去仔细观看。小普林尼则明智地留在了别墅里继续做学校的功课。就在准备启航时,老普林尼收到了一位朋友的来信,那是一名贵族女士,她的别墅正位于维苏威火山脚下的斯塔比伊,来信是为了恳求普林尼帮忙逃生。老普林尼派了几艘军舰去赫库兰尼姆,而自己则乘上了一条"快艇"。当船驶近赫库兰尼姆时,大量余烬和灰尘从天而降,船长建议调转船头向米塞努姆返航。老普林尼却回复"好运钟情勇者",命令船长继续朝他朋友居住的斯塔比伊进发。火山喷发搅起的劲风将快艇送到了港口,但也使它再难离开。

老普林尼的那位朋友和她的家人吓坏了:火山喷发之剧烈不说,它还在海中激起了巨浪,使船只无法航行。进了别墅,老普林尼想让朋友们安心,他仍像往常一样宴饮、沐浴和睡觉,同时静候大风平息。但是随着喷发的加剧,他们明白大风是不会平息了。(其实大风就是由火山喷发造成的,但老普林尼显然并不知道这一点。)众人决定再试一次把船驶进海里。他们在头上绑着枕头,以抵御掉落的火山灰和熔岩,就这样冒着危险回到了岸边。这时海浪仍然很大,无法登船,空气也极浑浊,使人难以呼吸。老普林尼承受不住倒在了地上,再也没有站起来。朋友们挣扎一番后抛弃了他,自行登船。他们好不容易逃到对岸,并向小普林尼交代了事情的原委。三天后,这班朋友重返斯塔比伊,在火山灰下发现了老普林尼,他的遗体上没有明显的伤口。大多数学者都认为他死于急性心脏病发作,可能是毒气引发的。

层状火山的特征是爆炸性的喷发,熔岩射入高层大气,在空中凝结成各式颗粒,根据尺寸的不同,它们被称作火山毛、火山灰和火山弹。在有层状火山的地方,一个构造板块被推挤到另一个的下方,这种地带称为"俯冲带"。以维苏威火山为例,非洲大陆朝着欧洲缓缓移动,推高了阿尔卑斯、比利牛斯和亚平宁山脉,同时也将地中海海床推挤到了意大利**下方**。当海床被推到大陆下方时,摩擦力便会加热海床,将它和它负载的沉积物熔化。

这些沉积物正是理解这类层状火山的关键:首先,相比来自地下更深处以及其他类型火山的熔岩,层状火山的熔岩中含有大量轻质矿物石英。当岩石在地下移动(以地质学的时间跨度来看,岩石的移动是很剧烈的),石英会向上浮起,周围其他较重的矿物则会向下沉降。就这样,石英渐渐在大陆中富集(而不是沉到地下更深处),也在大陆上侵蚀脱落的沉积物中富集。这些石英形成了一种特殊的岩浆,黏性超过了其他火山中形成的那些同类物。其次,这些沉积物中包含了大量水分,这些水分又进入了沉积物形成的岩浆里。

石英很黏,这意味着它形成的熔岩容易黏附在一起,而不像我们在夏威夷火山照片中见到的那样四处流动。大量水分又意味着熔岩里有较多的气体和水蒸气。这些气体和水蒸气在温度升高时膨胀,引起爆发。喀拉喀托、圣海伦和维苏威这几座火山都处在俯冲带上,因而都有可能发生这种爆发式喷发。

火山学家研究了两样东西,一是庞贝古城周围的沉积物,二是小普林尼的记载,最后的结论是维苏威火山喷发分成两个主要阶段。第一阶段是8月24日形成喷发柱,这种喷发在今天被称为"普林尼式喷发"。喷发柱先是随着剧烈的爆发力升到空中,然后又在重力的拉扯下向着四周和下方扩散——由此形成了小普林尼记载的松树形状。隔着那不勒斯湾观望,小普林尼写道,在第一次向上的喷发之后,火山灰落回地面,黑暗笼罩天空,"那不是没有月亮或者多云的夜晚式的黑暗,而更像是大门关闭且没有点灯的房间里的那种黑暗。耳畔传来女人的哀鸣、儿童的哭泣和男人的叫喊。有人在呼唤父母,还有人呼唤孩子或是伴侣。只有通过声音,他们才能认出自己要找的人"。

这个地区的大约1.1万名居民中,大部分都在黑暗中徒步离开,保全了性命。当小普林尼接到舅舅的死讯时,他也带着母亲(和她的弟弟一样年长发福)艰难地徒步离开了。逃难者充塞道路,在黑暗中举步维艰。小普林尼笔下的这群人,感觉世界末日就快到了。

许多人乞求神的援助,但是更多人想象众神已经不在,就连宇宙也陷入了一片永恒的黑暗之中。还有人在真实的灾难之外编造出虚假的危险:有人说米塞努姆的这里坍塌了、那里起火了,这些虽然是不实的说法,却总有信徒……我在这里可以自豪地说一句,在这些灾祸中间我没有发出过一次呻吟或是惊呼,不过我也承认,一想到整个世界都将和自己一同灭亡,心理上就获得了些许可怜的安慰。

几天后,小普林尼带着母亲逃到了安全的地方,并最终返回了罗马城。和他们不同,有的居民决定留下,至少挨过当晚再说。到这时天上已经下了一天的火山灰,而一座住宅可以保护你不被掉落的岩石砸中。在这种情形下,待在家里似乎确是一个明智的选择。然而庞贝和赫库兰尼姆的居民不知道的是,随着夜色降临他们还将迎来第二阶段的火山喷发。

当层状火山爆发时,喷出物往往会飞到几万英尺的高空。随着喷发的进行,喷出的物质越积越多、越来越重,这些炽热气体和灰尘不会在高空聚成一朵蘑菇云,而会沿着山坡开始快速滚落。(因为比空气重,火山气体也是可以滚落的。)这些滚落的物质被称为"火山碎屑流"(pyroclastic flow),其中"pyro"是希腊语里的"火","clastic"意为"裂成碎片"。这些气体移动很快,常可以达到每小时50英里(约80千米),也有时速300英里(约483千米)的记录。它们的温度也很高,约500华氏度(260摄氏度),瞬间就能致人死亡。

火山碎屑流是杀伤力极强的一种喷发。它的流速太快,令灾民措手不及,根本无法逃脱。在庞贝城下埋葬的1800具尸体姿势扭曲,早期的观察者因此猜想遇难者遭受过极度的痛苦。但其实他们更有可能是被高温瞬间杀死的,死后尸体才因为热浪的冲击而变形。在那之后,掉落的火山灰才将这些人埋在了自己家里,将他们的悲惨遭遇封存了2000年。


人类这个物种的一大特长是善于推理。演化的压力催生了能够发现模式的大脑,即使在随机现象中也能看到模式。当我们在草丛中听见一阵响动,我们大可以把它想象成一阵随机的轻风不予理会,但也可以猜想那是一只埋伏的猎食动物并设法逃离。在许多时候,那的确只是一阵轻风,错误的猜测使我们没有必要地焦虑,但不会妨碍我们的生存。少数时候草丛中确有一只猎食动物,于是焦虑者存活下来,而那些把它看作随机响动的人则因为自己的疏忽赔上了性命。在根本的层面上,我们都厌恶随机性,因为随机性使我们更加脆弱。

在随机中发现秩序的需求,已经延伸到了生存威胁之外。夜空中的星星在空间分布上是随机的。这也就是为什么你会在夜空中的某一处看见一颗孤星,又在另一处看见几颗星星排成一行。仅凭这一点,你无法判断出自己是否会在别处看见一颗星星。随机性意味着你不能用过去发生的事情预测将来。但是无论如何,我们人类总会寻找模式,我们发明了星座,还创作出故事来解释星座。

我们发现,就像希腊人和罗马人会用众神的故事来解释星座(比如猎户座腰带、仙后座)一样,他们也用神明来解释地质学现象。这种信仰为他们解释了自然界中其他无法解释的方面,也平息了他们想要理解为什么一代人会遭受灾难而另一代人能够平安生活的渴望。然而就像庞贝城的居民意识到的那样,无论举行多少仪式你都无法掌控自然。没有任何事情能使你做到这一点。(这种感觉很多罗马人或许都很熟悉,因为他们的人类统治者只要突发奇想,同样可以轻易摧毁他们的生活。)

随着希腊-罗马文化的铺陈,犹太文化发展出了另一套关于神和神人关系的观念。犹太人否定了神明自私小气的形象。他们信奉的是一位始终善良慈爱的神,人类是可以与之订立契约的。可如果神是善的,我们又该怎么解释那些使人类受灾的地震、洪水和火山喷发呢?犹太人的回答是:错的只能是我们自己。许多古代文化中都有决定性的大洪水故事,但是只有在挪亚方舟的故事里,应该对洪水负责的才是洪水的受害者,而不是他们的神。

索多玛和蛾摩拉的故事更加直白地表达了这个联系。虽然其描写听起来更像一场火山碎屑流,但《创世记》是这么写的:"主从天上降下硫黄和火,落在索多玛和蛾摩拉两地。"之所以会发生这场灾难,是因为在这两座城里连10个好人也找不出来。《圣经》中一再用地震和狂风表示上帝对人类的不满。比如,《诗篇》中写道:"他大发烈怒,以致大地摇撼,山岭颤动。"

当时的基督徒和犹太教徒都将庞贝城的毁灭归结为9年前罗马攻陷耶路撒冷一事。当年率军包围并摧毁耶路撒冷的罗马将军提图斯(Titus),在维苏威火山喷发前的两个月正好当上了罗马皇帝。(公元一世纪时,庞贝城墙遗迹上的一条涂鸦点出了两者的关系,它写的正是"索多玛和蛾摩拉"。)这一信念不仅说明了为什么一位善良的神会允许恶行发生,它还让人有了灾难可以掌控的错觉:既然灾难是对于原罪的惩罚,那么纯洁的生活就可以带来拯救了。

大体上说,不同时代的犹太人和基督徒对于这个解释始终是满意的。它也符合预定论(predestination),一种接近决定论的世界观。但是随着西方神学的发展,有人开始质疑自然灾害中死亡的**全是**罪人的说法了。一个表面上虔诚的教士的确可能隐藏了可怕的罪行,但抱在怀里的婴儿是不可能有什么罪的。

圣奥古斯丁(St. Augustine of Hippo)提出了一套调和这种两难的理论,后来圣托马斯·阿奎那(St. Thomas Aquinas)又对它做了引申。他们指出,上帝有给予我们自由意志的需要。上帝让我们在善恶之间自由选择。一旦我们选定目标,他就无法再赦免我们的恶行了。我们必须承受自己的决定所带来的后果。

用这个理论可以对战争做出直接明了的解释,但把它套用在自然灾害上就不那么顺当了。特别是在不了解灾害的物理学原因的情况下,经过了数百年平静之后的一场地震,只会使我们深深地觉得不公。圣奥古斯丁将这类灾难称作"自然之恶",他相信创世本身已经被亚当(Adam)和夏娃(Eve)的堕落所腐败,而自然灾害反映了堕落天使们的邪恶选择。圣托马斯·阿奎那则主张,遭遇自然灾害之恶,对于凸显某些善良品质是必要的,比如勇气和同情。正因如此,上帝才会允许"自然之恶"继续存在。

这类主张没有理解的是,自然危害对于我们这个星球上滋养生命的各个系统来说,实在是不可缺少的一个部分。热量在大气中分布并聚成风暴,但这个过程也将水分从大洋中抽出,化成降雨落到地面上。一个星球要是没有地震,它就不会有高山低谷来拦住浮云,也不会有断层困住地下水,并将其推到地表形成涌泉。我们已经看到,自然灾害的成因是自然环境不可避免的波动,而这种波动又是养育生命的必须。

到了现代,自由意志论又有了新的含义。今天,在自然灾害中的受难**又可以**被看成是人类选择的结果了。不过在这个科学和经验使我们更加了解灾害的时代,我们受到惩罚的原因变成了房子造得不够坚固、水管没有妥善保养。从这个角度看,我们同样是道德败坏的:我们将短期的个人利益放到了家人和其他社区成员的健康与安全之上。

只要古人还将灾难看作神的意志,对灾难的物理学原因的研究就始终受到制约。"上帝降下地震"的信仰维持了千年无人质疑,直到相反的证据强大到了许多人都无法反驳的地步。

◇ 第二章

# 埋葬死者，喂饱活人

葡萄牙里斯本，1755 年

---

如何想象这样一位至善的上帝，

他一边将慈爱堆积在他得宠的儿女身上，

一边却用同等的手笔散布邪恶？

——伏尔泰(Voltaire)，《里斯本的灾难》(Poem on the Lisbon Disaster)

1755 年，里斯本是欧洲第四大城市，紧随伦敦、巴黎和维也纳之后。里斯本建在塔霍河口，是欧洲当时最大的港口之一，新大陆的财富源源不断地从这里流入。殖民地巴西的矿藏出产的黄金和钻石供养着葡萄牙王室。当时的葡萄牙刚刚经历了一次混乱的王位继承，国家独立受到西班牙王室干预的威胁，但在那之后葡萄牙重建主权，国王若泽一世(Joseph I)统治了国家。葡萄牙全国笃信天主教，法律和教育系统无不在强化这份虔诚。国内的大学和大部分教育机构都由耶稣会经管。宗教裁判仍在进行，并用"信仰行动"公开展示异端的忏悔，包括那些罪孽深重必须绑在火刑柱上烧死的人。

与此同时，启蒙运动正在欧洲其他地方愈演愈烈。随着科学革命的兴起，"唯智主义"蓬勃发展，其中包含经济学、哲学、政治学和自然哲学，它们凝成的观念和原则将改变世界。从笛卡儿（Descartes）的数学到亚当·斯密（Adam Smith）的经济学理论，人们辩论社会的本质并设法改善社会。但是在葡萄牙，虔诚的天主教信仰以及耶稣会对教育系统的强大控制却使它与其他欧洲大国割裂，无法在智力上演进。

5年前，36岁的若泽一世登上王位，享有绝对权力。他在15岁时娶了西班牙国王的女儿［他的姐姐则嫁给了他妻子的哥哥、未来的西班牙国王费尔南多六世（Ferdinand Ⅵ）］。无论以何种标准来看，若泽国王都是一位才智之士，但是他把太多精力放在了音乐和狩猎上，而这两样都是他妻子极为喜好的（我们将会看到，它们可能还救了他一命）。若泽对政治毫无兴趣，他任命了三位国务大臣，分管内政、外交和军事，并将大多数治理的决策权都交到了他们手上。其中，塞巴斯蒂昂·若泽·德卡瓦略·梅洛（Sebastião José de Carvalho e Melo）分管外交，他很快就晋升到了政府中的显要位置。

德卡瓦略是很晚才参与公共生活的。他是乡绅之子，原本打算成为律师，并进入了科英布拉大学学习。但后来他在沮丧中退学，我们很难说那是因为耶稣会的课程太死板，还是严格的学术规范把他赶了出去。他到军队试过身手，曾作为列兵应征，但军队生活同样不称他的心意。他只服役了很短时间就离开了。因为人生没有方向，他在里斯本做了10年的花花公子虚掷时光。19世纪的牛津历史学家斯蒂芬斯（Morse Stephens）是这样写他的："德卡瓦略相貌俊朗，体格强壮，精通各项运动，因而他虽不算富裕，却在首都的各个社交圈炙手可热。"

他成了所有贵族派对上备受喜爱的宾客，至少在他和国内一位极有权势的贵族的侄女私奔之前是这样的。女方的家族想要取消这桩婚事，但那位女士自己却不想失去丈夫。最后她的家族决定因势利导，安排德卡瓦略在1739年当上了葡萄牙驻伦敦大使，那一年他40岁。

在伦敦，德卡瓦略好像终于确定了人生方向。他成功地在英王的宫廷里为葡萄牙争取到了一席之地,他还克服两国在宗教上的不同,促成了葡英之间的密切交往。在伦敦的日子为他开阔了眼界。他见识了大英帝国的商业力量,也研究了成就英国的政治与经济。1745年,他应召回到里斯本,又作为特使被派到了奥地利,去协商奥地利王室和教皇之间的一项艰难协定。当时有一名法国外交官这样描写了德卡瓦略的贡献:"在这些事务中,他为自己的技能、智慧、正直与亲和提供了大量证据,特别是证明了自己的极大耐心……他高贵但不炫耀,智慧而又谨慎……真是一位优秀的世界公民。"

到他1749年返回葡萄牙时,德卡瓦略已经深信政府应该大力投资基础设施以支持经济,当然他更相信国家应该世俗化,尤其在教育领域。

在得到国王若泽的授权之后,德卡瓦略尝试在葡萄牙开启改革。他成立了一家中央银行,努力发展并保护各项产业。他怀疑耶稣会对知识界的钳制正在拖累葡萄牙,但他也知道在这样一个虔信天主教的国家里要反对他们并非易事。葡萄牙的300万名公民中,有超过20万人在修道院修行。宗教裁判所塑造了葡萄牙的形态,血脉纯正法则追踪着国内的"新基督徒",他们是犹太人和摩尔人的后代,祖先曾在15世纪被迫改信天主教。因为法律的强制识别,"旧基督徒"得以避免与他们通婚,从而不污染家族血脉。

初任国务大臣时,德卡瓦略与耶稣会教士合作巩固了自身地位。但他也努力限制了教士的权威。到1751年,他取得教皇的同意,让耶稣会宗教裁判所不能单方面判处死刑,而是必须得到政府的同意。到1755年11月1日的诸圣日,德卡瓦略已经被视为葡萄牙的实际统治者了。

许多人在听说欧洲曾发生过一次8级以上的大地震时都感到惊讶。但凡会发生地震的地方,大小地震之间的比例都是固定的。也就是说,有小型地震发生的地方,大型地震也容易发生。而葡萄牙周围虽然有过一些地震活动,其数量却远远小于邻近地区,特别是小于欧洲东南部。

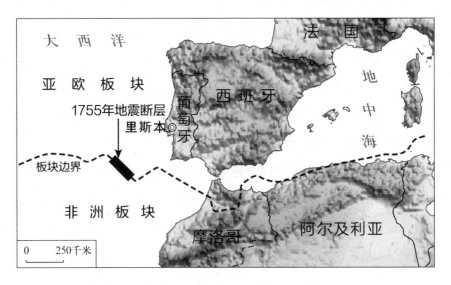

一张欧洲西南部地图,图中显示了构造板块的边界和可能引发了1755年里斯本地震的断层。

　　但是,就像小型地震密集并不必然表示大型地震会很快发生一样,小型地震稀少同样也不能表示这个地区不会发生大震。一个区域的地震有多大,唯一的限制因素就是能够破裂的断层有多长。以我们对于构造板块的理解,我们知道非洲正在向欧洲挺进,它推高了阿尔卑斯山,引发了希腊、意大利和土耳其的地震,也造就了埃特纳和维苏威这两座火山。在直布罗陀海峡以西,这种挤压沿着亚速尔–直布罗陀地震带(Azores-Gibraltar seismic zone)持续进行。实际上,自1900年以来,这个地区也确实发生了多次6—7级的地震。但因为它们都发生在远海,这些规模较小的地震并未造成破坏,大多被忽略了。

　　1755年的诸圣日地震是这个地区在人类历史上规模最大的一次地震。在今天,确定震级的常用方法是用地震仪测量地面运动,但当时还没有这项技术,因而无法评定震级。不过我们知道,决定一场地震能够释放多少能量有两个因素,一是移动的板块断层面积(这个后面详谈),二是两个板块相对移动的距离,即"滑移"(slip)。我们可以在地震之后利用这两个地质学信息估算震级。但如果我们想要研究的断层位于水下,这一点就很难了,而里斯本就是这种情况。如果地震激起海啸,我们也可以根据海啸中的水量来估测断层的大小,从而确定震级。但是显然,用陈旧的数据来估测是很粗糙的。还有第三个测定震级的方法,即观察有多大的地区遭到了破坏,又有哪些地方感到了震动。

这些方法都被用到了里斯本地震上,最后估出的震级最小是8.5,最大是9。里斯本位于重灾区的北端,在里斯本以南的沿海地区都遭到了剧烈震撼。这是一场真正的大地震,引发它的一定是一条200英里(约322千米)或更长的断层。

诸圣日是一个义务性节日,在这一天所有天主教徒都必须参加弥撒。所有教堂(里斯本有许多教堂)都要在上午举行好几场弥撒,以满足礼拜者的需求。仆人大多参加较早的场次,好早一点回去工作,为节庆准备宴会食物。绅士和贵族可能参加9点的那一场。王室成员明显是个例外,他们喜欢骑马打猎,因而参加的是早场弥撒,这样就可以早早到乡间别墅去享受假日了。教堂里的人们不得不坐在拥挤的长椅上,一旦出事不可能迅速逃脱。雪上加霜的是,那些大型教堂边上还附设了几间礼拜堂,每一间都有自己的祭坛,每座祭坛都供了点燃的蜡烛。

地震始于9点40分。这样大规模的一场地震,开裂的肯定是一条很长的断层,这意味着震动可能持续了3—5分钟。最开始是比较轻微的震动,接着不断增强。当时居于里斯本的英国教士戴维(Charles Davy)牧师后来做了如下描写:

> 我用来写字的书桌开始微微轻颤,这使我吃了一惊,因为我

并没有感到有风在吹拂。正当我暗自思忖却想不出震动的真正原因时，整座房子从地基开始摇晃起来，我起先把这归咎于大街上几辆马车引起的震动，平日里它们也常在这时候通过此地，从贝伦驶向王宫。但是当我仔细倾听，我很快醒悟过来：我发现震动源于地下传来的一种奇异可怕的噪声，那仿佛是遥远的雷电传来的沉闷轰鸣。这些震动和噪声不到一分钟就结束了。

在地震中，断层的突然滑移会扭曲它周围的地面，产生两种主要的震波。一种是压缩地面的纵波，能以声速行进。（声音本身也是一种压缩波。）戴维写到的"地下的噪声"就是这种纵波。另一种横向波动则使地面扭曲。它的行进速度比纵波慢，但振幅要超过纵波。这两种波动每行进5英里（约8千米），它们的时间差就增加1秒。如果纵波和横波的到达时间相差30秒，我们就可以推断地震发生在150英里（约241千米）之外。

和纵波相比，横波就完全是另一番体验了：

> 我被……一阵极可怕的倒塌震惊了，仿佛城中的每一座大厦都同时倾覆。我居住的这座房子剧烈摇晃，较高的楼层瞬间倒塌，我的这套公寓（位于一楼）虽未遭受同样的厄运，但室内的每一样东西都被甩离了原来的位置。墙壁以最可怕的方式来回摇晃不止，几个地方都裂开了口子，我好不容易才站稳脚跟没有跌倒，满心以为自己就快被压死了。四面都有大石块从开裂的地方掉下，大多数椽子都从屋顶上戳了出来。

想想那些正坐在教堂长椅上的人，他们先是感到了一阵轻微的摇晃。起初他们或许以为那只是自己的想象。但接着就来了一股更强的震波，他们望向邻座，不知如何是好。周围挤着那么多人，想出去是绝不可能的。这时横波来袭，建筑部分倒塌。点燃的蜡烛砸到了人群、挂毯和书籍，震动源源不绝，直到整座建筑完全倒塌。他们的恐惧我们只有在想象中体会了。

许多人死了,被建筑物压死,教堂内死伤尤其惨重。主震结束几分钟后又来了一次强烈余震,将破坏了结,许多在第一轮地震中幸免的建筑都被夷平。这时凡是能从建筑里出来的人都逃出来了,许多人主动跑到河边的码头聚集,好远离破坏现场。在河边看似安全,但那也是海啸的必经之路。第一轮剧烈的余震刚过,海啸就来了。

海啸产生的原因是海床形状的突然改变。里斯本地震很可能发生在一条"逆冲断层"上,这种断层一侧的地面被推挤到另一侧的上方,在海床上形成了一条新的海岭。海岭上方的海水被向上推动,但水会流动,因此马上沿着另一侧向下流。这样就形成了一道波浪,向着海岸移动而去。由于断层上方的整根水柱都被移动,这道波浪中包含了巨大的能量——断层处的海越深,波浪里的水就越多。当波浪涌到岸边,海床变浅,波浪的高度就随之增加。当波浪到达一条河流的入海口时,它会逆着河道进入内陆,冲击两边的河岸,形成可以持续几个小时的激流。里斯本的塔霍河就是这种情况。

当戴维和许多人一起逃离倒塌的建筑,来到了河边时,他被接下来看到的景象震惊了:

> 我将目光转向河流,这一段河面有近4英里宽,河水在我的眼前起伏涌动,那景象难以形容,因为根本没有风在搅动水流。忽然,不远处涌起了一大波潮水,像一座山似的冉冉上升。它翻卷着泡沫,呼啸着向河岸冲来,势道之猛,吓得我们即刻以最快的速度撒腿逃命,许多人就这样被大水冲走了,剩下的虽已远离河岸,却也被河水没到了腰部以上。我本人勉强逃脱成功,要不是抓住了倒在地上的一根横梁,肯定已经性命不保。几乎在同一瞬间,河水再次退回河道,与来的时候一样迅捷。

当大家都以为情况已经糟到了极点时，更坏的事情发生了。那些摆在祭坛上庆祝弥撒用的蜡烛点燃了木头雕像，也点燃了铺在祭坛上的绣花布和老旧的祈祷书。火势蔓延，且无人组织起来灭火。到夜色降临时，大火已经吞没了城中遗下的残骸，接着又整整燃烧了6天。里斯本城内共有85%的建筑毁于地震或是火灾。塔霍河沿岸的破坏最为严重，这是因为河底的沉积层质地松软，加剧了震动。由于沿河地区历来是城市的中心，那些受灾最重的都是最显要的建筑——王宫、档案馆和教堂——无一幸免。

里斯本并不是唯一受灾的城市。葡萄牙南岸的大多城镇都遭遇了严重破坏甚至彻底摧毁。和其他历史事件一样，对伤亡人数的估计相差很大，但是最严谨的信源显示，葡萄牙国内共有40 000—50 000人死亡，四分之三的死者在里斯本。

里斯本的这场地震是欧洲人记忆中最严重的自然灾害，但是我们应该记得，这也是第一次有中央政府对自然灾害做出了明确反应。直到今天看来，葡萄牙政府的反应仍是非常有效的。里斯本市内的王宫在地震中被彻底摧毁，但因为王室成员于当日早晨已离开，他们最终得以在位于里斯本城外贝伦的一座小型宫殿中集结到了国王身边。据说国王向德卡瓦略大叫："我们要做些什么来回应神的正义惩罚？"德卡瓦略平静地回了一句："陛下，我们埋葬死者，喂饱活人。"从此这句话流传千古。德卡瓦略迅速接管了政府中剩余的人手，人人都说，在那个痛苦的时刻，德卡瓦略的决断引起的只有感激和服从。

在接下去的8天里，德卡瓦略吃住都在马车里，他动员人们救灾，重新控制了局面。他在里斯本周边派驻卫兵，阻止身强体壮的居民离开，他强迫他们留在城里帮忙，抬走瓦砾，为幸存者建造充足的避难场所。为防止有人趁火打劫，他还在城里的几处高点竖起了绞架，在迅速审判之后那些抢劫犯被就地正法。接下来的一个月里共有30多人被处决。

为了维护秩序、开启重建,德卡瓦略颁布了200条法令。其中的一些火速下达,德卡瓦略直接把纸垫在膝盖上用铅笔写出,不经抄写就立刻送到目的地执行。这批法令涵盖了类似今天灾难应急的功能——为无家可归者安排住处和食品,治疗伤员,禁止哄抬物价,重建学校和教堂,等等。灾区有太多尸体暴露在外,如果赶不及在腐烂之前掩埋就会成为一场公共卫生的噩梦,于是德卡瓦略不顾耶稣会反对,下令将尸体绑上重物扔进海里。

德卡瓦略最高明的见识是他认识到了加速重建的必要性——重建能给予人民希望,同样重要的是,它还能使人们各安其位。1755年12月4日,在地震刚刚过去一个月时,这位灾后总工程师向国王提出了四套重建方案。它们是:一、放弃里斯本;二、用回收的材料重建城市;三、在重建时拓宽部分街道并改良建筑以减少将来火灾的破坏;四、完全再造一座新城。在其他欧洲国家、特别是英国的援助之下,国王选择了其中最具雄心的方案。在不到一年时间里,里斯本就清除瓦砾,开始了重建工作。

德卡瓦略成了里斯本的英雄。国王任命他为首相,让他全权负责重建工作。没过几年,他又获得了庞巴尔侯爵的封号。他成功对里斯本开展了彻底重建,大家还称赞他在灾后挽救了许多生命。他要求新建筑必须经得起将来的地震。开工前要先做出比例模型,然后由军队在模型周围正步行进,以测试其抗震性能。(为了向他致敬,这样的建造风格被称为"庞巴林风格"。)

对国王若泽来说,地震给他留下了难以磨灭的心灵创伤。他患上了严重的幽闭恐惧症,余生只愿在帐篷里生活。他在治国方面愈加倚重德卡瓦略,对他的工作从不质疑。直到若泽去世,他的女儿玛丽亚一世(Maria Ⅰ)女王才开始营造新的王宫。

德卡瓦略还对地震开展了首次科学调查。他给每个教区的教堂发了一份问卷,其中包含一组问题:地震是何时开始的,持续了多久? 地震中死了多少人？海面是上升了还是下降了？这次调查所得到的数据被现代科学家用来估算这次地震的震源和震级。

德卡瓦略的重建成就巩固了他的政治权力，也让他对葡萄牙做现代化改造的宏伟计划得以实施。他最大的夺权行动是把耶稣会教士们从位子上赶了下来。他认为这些人威胁了绝对王权，也阻挠了国家的智力发展。在地震前，他只做到了规定宗教裁判所颁布的死刑命令必须得到政府的批准。而地震后短短两年，他就将耶稣会教士完全排除在葡萄牙的法庭外。再过一年，他又禁止教士参与商贸活动。1759年，德卡瓦略发现教士们阴谋推翻国王，于是一举没收了他们的股份，使所有大学都成了世俗大学。

里斯本地震的震感传到了欧洲大部分地区，向北一直到斯堪的纳维亚。那时正是启蒙运动的全盛时期，地震带来了同样深刻的哲学震撼，几十年后仍在欧洲激起回响。在那个理性思维和宗教信仰受到审视的时代，里斯本地震所引起的深深的不公平感对哲学和科学产生了显著影响。许多历史学家指出，这次地震使基督教思想产生了根本变化。政治理论家施克莱（Judith Shklar）写道："从那一天起，引起我们苦难的责任就彻底落到了我们自己身上，落到了无情的自然环境上，直到今天都是如此。"道德哲学家尼曼（Susan Neiman）说这"开启了自然之恶和道德之恶的现代区分"。

然而里斯本地震并不是一股普遍的世俗化力量。地震的原因和结果是什么，很大程度依赖于观察者的眼光。比如，法国哲学家伏尔泰就被地震中的人类苦难深深触动，他很快写下了长诗《里斯本的灾难》，几周后这首诗就于1755年12月发表了。他在诗中否定了一位仁慈的上帝可以在里斯本制造苦难的观点：

> 那些年幼的心灵怀着怎样的罪怎样的恶
>
> 乃至要被撕碎流血,躺在母亲的胸前?
>
> 堕落的里斯本所饮下的恶酒
>
> 难道比伦敦、巴黎或日光下的马德里还要浓烈?

他也否定了广为流传的哲学乐观主义思想,即上帝创造了一个善的世界,任何的恶都出于人的故意,他不认为世界像蒲柏(Alexander Pope)所写的那样:"凡是存在的都是好的。"

> 在这片恐怖的混沌之中,你会说
>
> 个人的苦难组成了全体的善!
>
> 好一句福音啊! 你这可怜的凡人,
>
> 竟还用颤抖的声音喊道:"一切都好!"

伏尔泰在这里对上帝操弄的否定,常常被人解释成是在宣扬无神论。确实,把灾难看作神明惩罚的观点在西方人的心中根深蒂固,否定了它似乎就否定了上帝这个概念本身。但伏尔泰仍是一个有神论者(尽管他公开谴责了许多有组织的宗教活动)。

伏尔泰的诗作在欧洲哲学家中激起了反响,卢梭(Rousseau)就给他写了几封信。卢梭对上帝的角色采取了一种更为传统的观点,他认为人的苦难自有其目的,要不就是苦难还不够深重。这时的卢梭已经拥护自然主义,他认为人类生活中的许多弊病都来自城市生活,因为人脱离了源于自然的平静。从这个观点出发,他主张地震中死伤严重的一大原因是我们决定建造密集的高层房屋,因此苦难完全是我们的自由意志造成的。卢梭还提到了人的其他不明智选择,比如返回燃烧的建筑抢救财物。最后他主张,我们不能否认上帝的影响或他的善意,因为假如那些遇难者活了下来,谁知道还有什么更坏的苦难等着他们呢?(我们不禁要问:卢梭眼中的城市生活究竟堕落到了何种程度,才使他把里斯本地震看作一种较轻的恶?)

无论里斯本地震对哲学产生了怎样的冲击,它都推进了一个观念:物理世界是可以用科学方法描述和理解的。欧洲的新兴科学家们都感受到了这一点,并对可能引发地震的物理学原因提出了种种假说。大部分科学家仍沿用亚里士多德的土地中含有水蒸气的观点,因为风是自然界中可以观察到的移动最快的现象之一。(直到1906年的旧金山地震,当地面上可以清楚地看到断层时,才有人第一次提出了断层引发地震的假说。)不过,里斯本地震毕竟带来了显著进步,人们第一次编纂地震目录,也第一次认识到了地震在空间上不是随机发生的——有一些地区格外容易发生地震。

然而在知识界之外,有证据显示更广泛的人群仍在用他们熟悉的神明惩罚的观念来应对随机的威胁。这场地震发生在一个神圣的礼拜日,时间又恰好是教堂最为拥挤的早晨,这个安排太过明显,不能视之为简单的巧合。人们不禁要问:为什么教堂里的虔诚信徒遭此大难,而附近红灯区里的娼妓却得以幸免(至少受灾较轻)?

针对这个"差异",现代科学竟给出了解释。一给还给了三条。第一,里斯本最初是一个海港,正如前面所说,它的第一批建筑是造在河边的沉积土上的。在松软的沉积土中,地震波的传递要比在硬土或坚硬的岩石中更慢。而要以较慢的速度传递相同的能量,波的振幅就必须更大。于是在松软的土壤中,振幅会增加10倍或者更多。况且这种土壤还容易液化。当土壤受到震动,其中的颗粒会更紧密地聚集到一起。(我们都目睹过类似的现象:在将一整袋面粉倒进一个小罐子里时,我们会把罐子在厨房桌面上叩几下。)如果土壤中浸透了水分,就像在河流附近那样,这样的聚集就会将土壤颗粒之间的水分挤压出来。这会升高水的压力,而当水压高到一定程度时,沙子就会暂时变成流沙,如液体一般流动,直到水分都从这个压紧的空间中跑掉。流沙对于建筑的稳固非常不利。戴维牧师在描述海啸之余也写到了**沙涌**(sand blows),即水和沙子射进空中,这正是土壤液化的一个显著特征。

第二,剧烈地震会释放更多低频能量,对大型建筑造成更大的破坏。第三,那些教堂都是石头建造的,而城内红灯区的妓院更多用木头建造,因而也更有韧性,更能承受震动。

当然,1755年的人们在为上帝的行为寻求解释时,他们并不了解这些观念。他们生活在一个分裂的欧洲社会,一边是新教徒把天主教徒看作教皇手下的一群偶像崇拜者,一边是天主教徒依靠宗教裁判所维护真正的信仰、抵御新教思想的侵蚀。在信奉天主教的葡萄牙,许多人都把地震看作自己不够虔诚的标志。马拉格里达(Gabriel Malagrida)神父是一名耶稣会成员和当时的传教领袖,他主张上帝之所以毁灭里斯本是因为这座城市容留了太多新教徒。有一件事值得一提:在地震之后的混乱中被处决的34个人中,大部分都是新教徒。伏尔泰在《老实人》(*Candide*)中对此做了嘲讽:

> 当地震摧毁了里斯本四分之三的面积后,那个国家的智者想出了一个最有用的法子来预防这座城市被彻底毁灭:给人民表演一场美丽的火刑,因为科英布拉大学已经断定,抓几个人用慢火活活烧死,再附上一套堂皇的仪式,乃是阻止大地震动的可靠秘诀。

在信奉新教的世界,人们对这场地震轻易做出了反应:这是上帝在证明天主教徒确是偶像崇拜者,宗教裁判所是受魔鬼的蛊惑而建。英国著名牧师、卫理公会创始人韦斯利(John Wesley)表示,要让那些罪人聆听上帝,没有什么比地震这一方法更有效的了。关于里斯本,他这样写道:

> 对葡萄牙近来的消息我们应该做何评论?数千座房屋倒塌了,几千个活人消失了!原本一座美丽的城市,如今已成了一堆

废墟！真有一位上帝在审判这个世界吗？他现在就在为人制造
的血案而审判吗？如果是那样，那么他从里斯本下手也就不足
为怪了，因为那里有多少人的鲜血像水一样被倾倒在地上！有
多少勇敢的人被杀害，以最卑鄙、怯弱、野蛮的方式，这种事几乎
每天每夜都在发生，却从没有人把它放在心上。

对上帝惩罚的信仰给葡萄牙人民造成了实实在在的后果。地震之
前，与西班牙的冲突使葡萄牙和欧洲的几个新教国家建立了紧密联系。
地震之后，来自英国和海牙的大使最先受到了国王若泽的接见。眼前的
巨大苦难使他们深受触动，他们给祖国写信，呼吁援助里斯本人。英王乔
治二世（George Ⅱ）许诺立即援助10万英镑巨款。但同样是新教国家，荷
兰政府却拒绝帮助。按照他们的加尔文派信仰，如果上帝因为天主教式
的偶像崇拜选择惩罚葡萄牙人，那外人是没有资格干预的。上帝已经公
正地决定了他们应该遭受怎样的苦难。

◇ 第三章

# 最大的浩劫

冰岛，1783年

我认为，如果在我离开的时候，这些记忆会像上帝的许多其他作品一样，因为疏于保存而被永久地丢失和遗忘，那将是一件不幸之事。

——约恩·斯泰因格里姆松（Jon Steingrimsson），自传前言，1785年

在一切自然灾害中，火山造成物理破坏的潜能是最大的。对这一点的最好说明是1783—1784年冰岛拉基火山的喷发，研究者都认为那是人类历史上最致命的一次自然灾害。当时的总死亡人数达数百万，破坏蔓延到了整个地球。有一点我们是幸运的：火山只会在少数特定的地点出现。可是，为什么在北大西洋的这个孤立角落，这个人口只有5万、平均每3—5年就有火山喷发的岛国，竟会因这次喷发而造成如此严重的死亡和毁灭呢？

为了解答这个问题，你必须思考火山对我们这个星球不断变迁的地理产生的作用，思考构造板块的"舞蹈"。火山出现在构造板块的3种环境之中。第一种位于大洋底部，形成了所谓的**洋中脊**。在这些地方，大型板块彼此分开，炽热的岩浆从地球深处的地幔中涌起，填补板块分开留下的空缺。地幔中的岩浆密度很大，形成的岩石（玄武岩）也很重。它们会略

微下沉,嵌入部分熔化的地幔之中。因此,你会在地球上海拔最低处,即海床上,发现较重的岩石,并在海拔较高处,即大陆上,发现较轻的矿物。(这也解释了为什么这些火山会形成**洋中脊**。)

普林斯顿大学的地质学家兼海军预备役少将赫斯(Harry Hess)在20世纪60年代的板块构造革命中提出过一个伟大见解。他意识到洋中脊处的火山其实是在创造**新的**海床,他将这个过程称为"海底扩张"。在他之前,科学家们已经就大陆的运动猜测了几十年,更早的则是地质学家魏格纳(Alfred Wegener)在1912年提出了大陆漂移说。魏格纳发现非洲和南美洲的岩石和化石非常相似,于是他提出大陆肯定在以某种方式相互分离,它们在洋壳上开辟行进,就像破冰船驶过一片冰湖。然而,由于构成大陆地壳的岩石不仅比海床轻,还比它脆,如果大陆真的要在地壳上推进,那就好比把一块棉花糖嵌进一块砖头。而在赫斯看来,大陆不是司机,只是乘客,它们是跟着岩石圈的板块在地幔上移动的。我们在海床上发现的证据支持了他的观点,海床上没有一处岩石的年代超过2亿年。(相比之下,大陆上最古老的岩石已有**37亿**年的寿命。)

但这又引出了一个新的问题:如果大陆漂移的原因真的是有新的地壳形成,那么旧的地壳又去哪了呢?地球并没有变大,因此不可能容纳越来越多的洋壳。

答案就在**俯冲带**里。俯冲带上的两个构造板块彼此相撞,其中的一块被压到另一块下方,挤入地球内部,并在那里以每年几英寸的速度被熔化回收。洋中脊创造出来的岩石会存在数百万年至2亿年,然后俯冲到地球内部被重新吸收。

正是这种运动形成了第二种火山,即位于俯冲带**上方**的火山。和维苏威火山一样,俯冲火山产生于一个板块被渐渐挤入地球内部,直到这个板块和上方板块间的摩擦将岩石熔化,然后熔岩穿过上方的板块上升,形成一座火山。除了意大利的那几座之外,俯冲火山还构成了整个环太平洋火山带,包括日本和太平洋西北部的好几座火山。

　　但冰岛这个岛国是个例外。它代表的是塑造火山的第三种构造板块环境:**热点**(hot spots)。地球的地幔上有那么几个地方特别炽热,原因还无法解释。热的东西自然会上升,于是在那些地方,岩浆构成的地幔柱从地球深处升起,顶开上面的所有物体。夏威夷、黄石、加拉帕戈斯群岛、留尼汪岛和冰岛就是这类热点火山中最著名的几座。其中,冰岛又尤其特殊,因为它的地幔柱恰好也在洋中脊的位置上。

　　我们所知的冰岛之所以存在,是因为有一个热点使大量岩浆涌向海面,远超过大西洋洋中脊的其他地方,这个热点至今仍处于海面以下。冰岛最古老的岩石才1350万年历史(比大部分海床都要年轻)。这个面积和美国田纳西州相当的国家,每一寸土地都是火山喷发的产物。冰岛国内有几十座山峰,但可以说整个国家其实都是一座巨大的活火山。

　　冰岛形成于大西洋中部,它与欧洲大陆的其他地区之间始终没有一条陆桥相连。当最近的一次冰期在大约1.2万年前结束时,极地冰盖融化,冰岛成了一片没有人烟的纯净土地。鸟类、植物和海洋哺乳动物在此地大量繁衍,在人类定居之前,冰岛唯一的陆地哺乳动物是北极狐。最早发现冰岛的人类很可能是爱尔兰的僧侣。根据爱尔兰传说,"航海者"圣布伦丹(St. Brendan the Navigator)于公元6世纪渡过北大西洋,来到了一座名叫提拉的岛屿,在那里,散发着臭味的岩石掉落到他和其他僧侣身上。当来自挪威的维京人在公元9世纪中叶到达冰岛时,他们在东南沿海的一处山谷里发现了一群爱尔兰隐士,他们称那个地方为"基尔丘拜尔(Kirkjubaer)",意思是"教堂农场"。

　　最早从斯堪的纳维亚来冰岛定居的是两名男子和他们的家人。因格尔弗·阿尔纳尔之子(Ingólfur Arnarson)和赫尔莱夫·赫劳兹马尔之子

（Hjörleifur Hróðmarsson）是结拜兄弟\*，他们曾以维京风俗互相起誓，如果两个中一人被杀，那么另一人就要替对方复仇。他们定居冰岛的故事记录在了几百年后写成的《占地书》（*Landnámabók*）里。这本书是冰岛人的建国神话，其中的故事向冰岛人讲述了他们身份的由来。

书中写到，因格尔弗从老家带来了几根"家族柱"，木头柱子上刻了他家族的故事。驶近冰岛时，他遵照传统将柱子扔进海里，并起誓柱子在哪里被冲上海岸，他就在哪里定居，因为这是众神在指引他生活的地方。赫尔莱夫没有沉湎于这样的迷信，他直接驶入了第一个良港。

因格尔弗的柱子在一海湾处被冲上了岸，边上有几口热气腾腾的温泉，他因此将这里命名为"雷克雅未克"（Reykjavík），意思是"冒烟的海湾"。与此同时，赫尔莱夫也在冰岛南岸定居，不远处就是爱尔兰老僧们隐居的基尔丘拜尔。他努力开辟农场，对爱尔兰奴隶们极尽压迫，结果奴隶造反，杀死了他。因格尔弗知道此事后为结拜兄弟报了仇，处决了那些奴隶。他为赫尔莱夫的悲伤结局哀悼，但认为赫尔莱夫的死在意料之中，因为他忽略了本民族的仪式及惯例。

移民冰岛的过程持续了几十年，从公元874年开始，到公元930年结束，移民者包括约1万名挪威人和他们的凯尔特奴隶。当时的挪威局势动荡，金发王哈拉尔（Haraldur the Fairhaired）想要加强权力，压倒一众头领。在他之前，挪威国王并无绝对权威，更接近"首席头领"，哈拉尔征服了周围的几个小型王国，并开始向其他头领征税。与此同时，挪威国内人口膨胀，不再有可以轻易获得的土地了。因此一片具有开阔原野（但没有原住民）的新土地就变得格外诱人，虽然那地方和挪威相距遥远——也可能好就好在它和国王相距遥远。

---

　　\* 因格尔弗是出生于斯堪的纳维亚的挪威人，Arnarson 不是他的姓，而是根据民族传统，在他父亲的名字 Arnar 后加上 son，表示他为 Arnar 之子。赫尔莱夫的情况与因格尔弗一样，他是 Hróðmars 之子。——译者

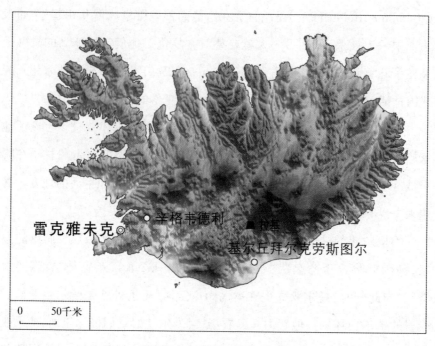

冰岛地图和拉基火山的火山口。

由于冰岛最初的定居者里有许多人都反对国王哈拉尔的新税,冰岛的文化在当时是非常平等主义的,当地只有头领和农民,没有国王。这些头领(古挪威语称为"goði",源于表示"神"的单词"god")既是政治领袖也是神职人员。那里没有建立城市,甚至没有村子。人们平时分散在农庄里居住,每年聚会一次召开阿尔庭(Althingi)——那是世界上最早的议会。

自从那些"散发着臭味的岩石"第一次落到圣布伦丹身上开始,火山喷发就一直是冰岛和冰岛文化的一部分,虽然那是相当危险的部分。农场会被熔岩覆盖,附近冰川下方的火山会突然喷发融化冰川,引起洪水泛滥。但正是这些引发巨大破坏的力量提供了重要的热量来源,使居住成为可能。冰岛在维京人最初到来时还被森林覆盖,但这个岛国夏季短促,树木每年生长极少,加上挪威人的长船带来的绵羊喜欢吃掉年幼的树苗,结果就是在不到几百年的时间里,这个国家的森林已经完全消失,冰岛人再没有可供燃烧的木材了。许多人都故意把家安在火山形成的温泉附近，好让蒸汽加热房屋。即使到了今天，冰岛的大部分经济仍由地热厂供应的近乎无限的能量所驱动。冰岛人也将自己的家园称为"火与冰的国度"。

火山还造就了一种冰岛人称为"辛格韦德利"（Thingvellir）的地貌，意思是"议会平原"。一个辛格韦德利就是一片翠绿的峡谷，四周竖立着垂直的玄武岩峭壁。（这在地质学上称为"地堑"，即由四周的平行断层形成的峡谷。）在这个天然形成的圆形剧场里，法律代言人（也就是在阿尔庭裁决争议的律师）可以对聚集的群众讲话，群众也能听见他的声音。自公元930年到1798年，每年仲夏阿尔庭都在此地召开，这已经成了冰岛独立平等的自豪象征。

就像因格尔弗靠家族柱发现雷克雅未克一样，每年在辛格韦德利召开的阿尔庭会议也是塑造冰岛人身份的关键故事。它还体现了冰岛人比较注重实际的一面。在10世纪末，冰岛国内发生了古代北欧宗教的信徒和基督教皈依者之间的冲突，这部分是因为头领们掌握了政治和宗教两方面权力。公元1000年夏，当人们在阿尔庭辩论整个国家是否都应皈依基督教时，争议达到了高潮。辩论中，有人骑马进入，告诉大家附近的一座火山喷发了。有人喊道，大地之神对他们的辩论生气了，这显然说明他们应该拒绝基督教。但是当年的法律代言人斯诺里（Snorri）头领却答道："喷发的是我们脚下的岩石，那些神明生什么气啊？"笑声平息之后，会众投票选择了基督教。*

---

　　* 这个故事属于民间传说，记载于冰岛的英雄传奇，它是在几个世纪之后写成文字的。当它被写下来时，冰岛人已经见识了许多火山喷发和熔岩凝成岩石的例子，对于两者的关系已经知道得很清楚了。这或许是有记录以来，欧洲人嘲笑神明惩罚的说法的第一个例子。

在接下去的几个世纪里,火山一再喷发,夺走生命、破坏生计。加上14—16世纪的小冰期和鼠疫,冰岛被逼到了饥荒的边缘,只有挪威国王和丹麦国王先后给予了微薄的援助,之前冰岛曾和这两个国家恢复了结盟关系。不同于在这段时期灭绝的格陵兰定居者,冰岛人活了下来,他们还建立了一个坚韧的社区。到18世纪中叶,冰岛人口增长到了5万,这时他们依然居住在分散的农庄里,没有几个村子。皈依基督教之后,教会成为了冰岛人生活的一部分,农场上建起教堂,牧师和家人在里面主持礼拜。

从前的那个爱尔兰人的定居点基尔丘拜尔,即赫尔莱夫登陆并最终丧生的地方,在中世纪的200年中成了一座女修道院的所在地。于是它原来的地名"教堂农场"里又加上了表示"修道院"的词,变成了基尔丘拜尔克劳斯图尔(Kirkjubæjarklaustur)。这是一处富庶繁荣的定居点,由一位受人喜爱的牧师住持,他的名字叫约恩·斯泰因格里姆松。

在1783年6月8日圣灵降临节的那天早晨,约恩牧师正骑马奔向教堂,准备去宣讲圣灵的降临。这时他看见北方的天空升起了一块巨大的乌云。不出几分钟,黑暗就笼罩了他,天上也开始降下灰尘。在约恩看来,这表示上帝的耐心已经耗尽,苦难的时刻已经来临。

约恩·斯泰因格里姆松是冰岛的英雄人物,冰岛的学校里都会讲授他的故事。在一场灾难险些将冰岛人推向灭绝的时候,他成了勇气和镇定的象征。他的身上既体现了冰岛人对于迷信的偏好,又继承了近800年前斯诺里头领的那种怀疑精神。他在日记中详细记录了自己的梦境,他相信梦是未来的预兆。他把拉基火山的喷发看作上帝对冰岛人罪行的惩罚。但他的日记里也详细描述了喷发和其他火山现象,成了现代火山学家重要的一手参考资料。

任何对灾难应急和灾后恢复感兴趣的人都该读读他的日记。就像之前对里斯本地震的记录一样,这些日记展现了自然灾害的发生只是一场灾难的开始。在灾害发生时,财产破坏,人员死亡,需要有英雄站出来拯救灾民。但是灾害过去之后才是更艰难的阶段,恢复和重建都需要勇气、坚持和领导力。约恩在这两个阶段都有出众的表现,他展示了一场灾难可以带来什么,一个人又可以改变什么。

在圣灵降临节那天早上开始的喷发持续了8个月之久。它把一块50英尺(约15米)厚的熔岩地毯盖在了600平方英里(约1554平方千米)的土地上,这个面积超过罗德岛的一半,占冰岛总面积的六分之一。大部分熔岩出现在最初的45天里,约恩形容它们像春汛的河流般快速涌动。这些熔岩来自一连串喷发,它们从10个不同的裂口中倾泻而出,每一个都遵循同样的模式:先是发生一串地震,持续几天或是几周,接着地上撑开一个裂口,熔岩透过天然存在的地下水涌向地面。接着,熔岩和水的相互作用引起爆炸性喷发,随着每个裂口继续喷发,地下水最终蒸发消失,使熔岩流上地表。

这样的结果就是一连串爆发阶段和地表阶段的交替。在接下来的8个月里,拉基火山喷出的熔岩达到了夏威夷基拉韦厄火山30年持续喷发总量的3倍以上。

约恩在日记中描写了喷发的最初几天,他写到熔岩如何逼近,写到连大地本身都几乎被撕成了碎片:

> 在过去的一周,加上之前的两周,从空中掉下的毒物之多,已非语言所能形容,其中有火山灰,有火山毛,有充满硫黄和硝石的雨水,里面全部掺了沙子。在草地上进食或行走的牲畜,口、鼻孔和脚都变得鲜黄,有了擦伤。所有的水都变得微温,呈浅蓝色,碎石铺成的山坡则成了灰色。地上的所有植物都起火、萎缩和灰败,随着火势增大并逼近居住点,它们一株接着一株死亡。

除了毁坏的场景,他还记载了自己对信徒的照料——有精神上的,也有医药上的。(他曾经自学当时的医术。)约恩骑马在教区内不停奔走,查看居民的身心状态。这时熔岩继续流动,它们离基尔丘拜尔克劳斯图尔和约恩的教堂更近了。

7月20日,约恩把信徒召集起来,他相信这是他们最后一次在他的教堂里祷告了。到这时,熔岩已经流到了离教堂最近的一道河谷。看来一切都到头了。教区的许多居民已经失去了农场,还有人吸进了熔岩散发出的毒气奄奄一息。有人要求把教堂的门户打开,好让他们在看见熔岩涌入时逃跑。

约恩进行了一次布道,后来人们为了纪念这次布道,称其为"火焰弥撒"。约恩本人的日记中并未在这件事上多费笔墨,对布道的内容也只稍微写了几句。我们只知道,他一开始要求信徒们"以虔诚的正心向上帝祈祷,祈祷他不想匆匆毁灭我们"。他呼吁信徒们不要忘记:无论事情坏到何种地步,上帝的伟大都更胜一筹。他们的任务就是耐心忍受灾祸,并信任上帝的仁慈。

他的其他话语已经湮灭在了历史之中。但这场演讲却是他精神遗产的重要部分。当布道结束,居民们走到外面时,他们发现熔岩在吞噬教堂之前停止了流动。(现代研究显示,当时熔岩流进了一条水量很大的河里,并在将河水汽化之前凝结成了一道天然堤坝。这道堤坝使后面的熔岩改变方向,偏离了教堂。)众人赞美约恩实施了奇迹,后人将他称为"火牧师"(Fire Priest)。

但危险还远远没有结束。熔岩又流淌了6个月。灾情蔓延到了其他河谷,将毁灭传播到了冰岛东南的大部分地区,而那正是冰岛最富饶的农耕地带。当熔岩终于在1784年年初停止流动时,人们也只是暂时松了口气,因为空中的毒气还在继续破坏。这些毒气被称为"Móðuharðinin",意思是"迷雾艰辛",它们几乎将这个国家彻底摧毁。超过60%的牲畜死了,包括80%绵羊,而绵羊本是冰岛人的主要肉食来源。毒气和随之而来的饥荒造成了1万人死亡,死亡人数超过了冰岛总人口数的五分之一。

在拉基火山喷射的物质中,有两种气体大量排放,它们是氟化氢和二氧化硫。氟元素会破坏牙齿和骨骼的发育,但少量的氟反而对它们有益。氟化氢可以分解成氟,氟有很强的水溶性,也就是说,它能溶进雨水并包裹火山灰颗粒。(直到今天,冰岛农民还会在户外放一碗水,如果在里面发现火山灰,就说明远处有火山喷发,这时农民便会将动物关进室内,以免它们沾上氟。)氟还会进入供水系统并被植物吸收。

在拉基火山的喷发中,800万吨氟化氢降在了冰岛。这样大量的氟会毒害身体,使骨骼变形并摧毁牙齿。在日记中,约恩描写了有动物的蹄子在身下腐烂。因为食物紧缺,有人吃下了这些污染的肉类,结果许多人都死了。相比农业人口,那些住在岸边、靠捕海鱼为生的人要生活得好些。氟污染了牧场和淡水溪流中的鱼类,但海里的鱼仍很健康。在接下去的两年里,情况越发糟糕。当时的冰岛是丹麦殖民地,它自身缺乏政府组织,也没有全国范围的救灾行动将食物送到需要的人手里。

约恩牧师为营救自己的信众出了一份力。他前往雷克雅未克替自己的教区求助,丹麦驻冰岛的代表给了他一些钱,不过其中大部分都在他回来的时候失窃了。他继续做着牧师的工作,访问农场、制作药物、记录苦难和饥馑,他也开始越来越多地埋葬那些因得不到足够救助而死去的人。

约恩努力保证每位死者都能得到基督教式的葬礼,即便他的身边并无一个帮手。他只有一匹还算健康的马,带着他把遗体驮回教堂墓地,有时一周就要运送5—10具,他在日记中记录了每个死者的情况。当与他结婚31年的爱妻索伦(Thorunn)也成为自己日记中的一个统计数字时,他的精神几乎崩溃了。现在的他孑然一身,灯里没有了燃料,手脚也都因为冻伤而浮肿,他在日记中流露出了想自杀的念头。

两年之后的1785年秋,当生存的希望似乎已经完全泯灭时,约恩组织了最后一次前往海岸的远行,他想要看看那里还能不能找到吃的。一名成年男子和两个男孩先去勘察情况。当大部队跟上时,他们惊讶地发现这支先遣小队竟捕杀了这么多海豹,足足需要150匹马才能全部带回老家。这简直是天赐的美食,教区的居民终于能活过冬天,并开始慢慢恢复常态了。

虽说约恩的教区和东南部的其他农场受灾最重,但这毕竟是一场全国性灾难。一直到灾后的一年多,丹麦政府才派了一名特使来视察灾情,他们的援助物资也微乎其微。冰岛的许多农场都被熔岩埋葬了,还有更多地方被毒气笼罩,一大部分人口只能离开祖先的家园,去别处寻找新的土地。冰岛成了一个难民的国度,而难民们根本无处可去。

在这里我们看到了一场劫难的决定性元素:当破坏如此巨大,半个国家都丧失了农田和基本的生存手段时,人类社会本身就会面临崩溃的危险。国内大规模的人口迁徙扰乱了政府和教堂的大部分功能。在许多地方,洗礼和葬礼记录都丢失了(也许是因为已经没有人留下来记录这些活动)。冰岛社会还发生了其他的变化,而这些变化的原因都被归结为"迷雾艰辛"。有一种历史悠久的传统舞蹈叫"víkivaki",大约就是在这个时候失传的。著名的冰岛历史学家卡尔森(Gunnar Karlsson)认为,当时举国震惊,根本没人有心思跳舞。

人类社会在遭遇意外之后产生的经济和社会动荡,有时比意外本身造成的有形毁坏还要严重。一个社会能否继续存在,关键要看它能在多快的时间里从动荡中恢复和重启区域经济。本来冰岛社会可能会就此溃散,它的人口不是背井离乡就是完全死绝;幸好有约恩·斯泰因格里姆松这样的人分发食品、送医送药、鼓励人们燃起希望,这个国家才得以存活下来。

就像里斯本的德卡瓦略,约恩·斯泰因格里姆松也在社会的存续和灾后恢复中起到了不可或缺的作用。但这并不是人们纪念他的原因。我们对危难中的英雄壮举产生感佩之情是极为自然的,而对意外事件的恐惧又会放大这种情感。约恩对冰岛灾后恢复的贡献或许产生了极大的影响,但人们纪念的,首先还是他作为"火牧师"的壮举:这个人的布道能让熔岩停止流动。

除了氟以外,拉基火山还喷出了大量二氧化硫。二氧化硫是一种重化合物,其密度是水的两倍以上。因此火山要动用许多能量才能将它们射入大气层的高处。在拉基火山喷发不那么剧烈的阶段,二氧化硫会随雨水降到冰岛的地面,在树叶上烧出窟窿,加剧农作物的毁坏。但在其他时候,喷发常常十分剧烈,大部分二氧化硫直接射入平流层,并飘到了欧洲大陆和其他地方。

正是这些被射入高层大气和平流层的气体释放了拉基火山的全部威力。它们在欧洲造成的破坏如此严重,乃至1783年被称为"奇迹之年"。6月10日,也就是喷发开始后两天,一片由二氧化硫、硫酸盐和火山灰构成的雾霾出现在了冰岛和挪威之间的法罗群岛上方。6月14日它扩散到了法国,到6月底就覆盖了欧洲全境。整个夏天它始终没有散去,有些地方的报纸报道了雾霾持续几周甚至数月的现象。到了秋天,英国和法国的许多报纸都报道了国民因为一种神秘疾病而倒下的新闻,它的典型症状是喉咙灼烧、呼吸急促。许多农场工人都病倒了,使农场主难以收割作物。有人将英国在那年夏天的死亡人数和往年做了比较,结论是仅在英国一国,拉基火山就造成了23 000人死亡。

在《火焰岛》(Island of Fire)一书中,维茨(Alexandra Witze)和卡尼佩(Jeff Kanipe)描写了这次喷发引起的广泛的中毒反应和气候破坏,他们引用了当时的一种说法:"这个国家有太多人因为发热而病倒,使农场主们难以收获庄稼,差不多每天都有工人因无法工作而被抬走,还有许多人就此死去。"

这些听起来已经够糟了,但飘浮于平流层的硫造成了更大的危害。它们在那里氧化成硫酸并凝结成硫酸盐气溶胶。在低层大气中,硫酸盐会较快地被大气中的雨水冲刷掉。但是在比主要气候系统更高的地方,即较为干燥的平流层里,硫酸盐颗粒却会被输送到世界各地,在天空中逗留数年之久。这些硫酸盐颗粒的大小恰好可以散射入射的阳光,它们将一部分光线送回宇宙,使下方的地面冷却。火山喷发中若有大量的硫进入平流层,就会对全球温度造成显著影响。比如,1991年皮纳图博火山喷发就使全球冷却了1.5华氏度(约0.8摄氏度),其影响持续了3年。我们对拉基火山的那次喷发没有做如此精确的测量,但我们知道它喷出的二氧化硫是皮纳图博火山的6倍,进入平流层的比例也更高。

拉基火山喷发后的那个冬天格外寒冷,许多人都因为缺衣少食而死去。从伦敦到维也纳,报纸上都报道了人们在街上和家中冻毙的消息,尸体被积雪埋葬。主要的河流都结冰了,使船运终止,而到春天时又泛起了洪水。灾变还产生了政治后果,当时法国王后安托瓦内特(Marie Antoinette)说了一句街道被雪覆盖后她的雪橇更好开了,传到外界后引起了一场政治骚动,她的国王丈夫只能向洪水灾民捐献大笔善款安抚民愤。到了第二年夏天,欧洲人的境况并未好转多少。持续的寒冷和由此造成的庄稼歉收使欧洲大部地区遭受饥荒。其中,法国的饥荒是激起社会动荡的一个重要原因,这场动荡最后以法国大革命告终。

破坏并未就此停止。为热带大部分地区送去雨水和生命的季风是由温暖的大陆和凉爽的海洋之间的温度差造成的,而为大陆加热的正是太阳。一旦阳光被遮,大陆就会变冷,进而减少季风的能量。在埃及,季风的缺席使尼罗河没有像往年那样泛滥,导致了大面积的干旱和饥荒。全国360万人中有六分之一死亡。与此同时,印度的一场大饥荒造成了近1100万人死亡,日本的饥荒也杀死了100多万人。(印度和日本的饥荒很可能还因为一次强烈的厄尔尼诺现象而恶化,因此不能全怪拉基火山。)

　　总之,当年因为拉基火山喷发而死亡的人数在100万以上,或许更多。在冰岛有超过1万人死亡,几乎是其总人口的四分之一,其他大部分人也失去了家园和生计。在全世界,因为接触有毒气体死亡的人数可能达到10万。另有超过10万人死于寒冷、洪水和饥饿。还有数百万人因为喷发加剧的饥荒而死。完整的破坏有多严重,我们永远不可能知道了。

　　在各种自然灾害中,火山是唯一能对全世界造成冲击的一种,因为它们有能力改变平流层的成分。所有灾害都会在地球表面造成破坏——正因如此,它们对我们这些生活在地球表面的人而言才是灾害。气象灾害发生在低层大气,它们在移动时可以影响方圆数百甚至数千英里的土地。但这类过程是自限性的,况且风暴中的雨水和狂风还能扫清空气中的污染物。而平流层位于大气圈高层,其底部距离地面8—12英里(约13—19千米),是平流层替我们的星球挡住了外来辐射,并将世界各地的气候系统合为一体。

　　许多火山的影响都仅限于本地。比如洋中脊火山,它们只在水下喷发,对上面的大气没有任何影响。还有的非爆发式喷发,比如在夏威夷持续喷发了30多年的基拉韦厄火山,喷出的气体也只会逗留在地表附近。即便有的爆发式喷发,产生的冲击也是有限的。

　　大多数火山喷发中产生的两种最常见的气体是水蒸气和二氧化碳,它们本来就是地球大气中的常见成分。即便是爆发式喷发也很少会剧烈到将大量物质射入平流层。但在这一点上,冰岛的火山却独具优势,因为它们所处的极地附近,低层大气不如赤道附近那样厚。皮纳图博火山喷出的物质必须飞上12英里(约19千米)高空才能进入平流层,而冰岛火山的物质只要飞8英里(约13千米)就行了。在未来,冰岛火山还可能继续影响世界。

　　不过火山造成的气候破坏毕竟是短暂的。它们一次性将气体射入大气,通常只维持几周或几个月。而且其中最显著的几种气体都比空气重,它们还会和空气中的其他元素产生化学反应,然后通过降水逃离大气。自然循环会在短短几年之间消化这些气体,并消除它们对气候的影响。

人类向大气中排放的气体也在影响地球气候。不同于平流层中的硫酸盐那样阻拦阳光使地球降温,低层大气中的二氧化碳和甲烷会阻挡红外线(或热量)向外反射使地球升温。而且这些气体较轻,不会像火山气体那样以降水的形式离开大气。不仅如此,我们通过燃烧化石燃料排放二氧化碳的过程是持续不断的,而不是那种一次性事件。拉基火山造成的全球破坏使人清醒,我们从中看到的不仅是一座火山的破坏,还有我们共同的大气受到污染时会产生怎样的苦果。

◇ 第四章

# 我们忘记了什么

美国加州,1861—1862年

我想这座城市是再也不能从打击中恢复了,我看不出有那样的可能。

——布鲁尔(William Brewer),1862年3月

作为地球科学家,我已经习惯了轻描淡写地谈论地质时间。我可以不带任何嘲讽地把过去1万年说成是"最近"。在别人眼中,山脉是地球的根基,我却能看到它们的运动——断层将它们越推越高,其速度已超过侵蚀对它们的磨损速度。一旦站上了这个高度,我就会不由感叹那些建在泛滥平原、火山侧坡或是横跨活跃断层的城市。我惊叹的不是竟有城市建在那里:我们已经看到,这些地貌确有它们的宜居之处。我感到困惑的是这些城市的居民竟然不能认识到自己所处的风险并采取行动。对一个地质学家来说,"未来1000年中的某个时候"听起来不像是逃避,倒更像是威胁。

但是对大多数人来说,未来仍是一个抽象概念。我们似乎对过去的灾难特别健忘,要不就是在想象中淡化它们的冲击。问一个加州人,加州近170年的历史中最严重的自然灾害是什么,一个移居不久的人会说是最近的一次地震——可能是旧金山地震(1989年,洛马普雷塔)或洛杉矶地

震(1994年,北岭),而那些世代居住于此的人可能会说是1906年的旧金山地震,毕竟它释放的能量是北岭地震的50倍。

但其实,加州历史上破坏最大的灾难是一场洪水。1861—1862年的那个冬天,美国西部豪雨如注,造成了加州、俄勒冈州和内华达州史上最严重的洪水,共导致数千人死亡(超过当时总人口的1%),并使加州破产。绵延300英里(约483千米)的中央山谷是加州的农业中枢,那次的洪水径直使它淹没在了30英尺(约9米)深的水下。然而,大多数加州人却从未听说过这场灾难。

我是第四代南加州居民,从小在这里长大,但就连我也从未听说过这场大洪水。直到我接受了美国地质勘探局的一个项目,用模型预测加州未来的灾难。当时除了研究地震,我的团队还想为洪水建立模型,我们设定的洪水要和圣安德烈斯断层地震相当,也得是每一两百年一遇的规模。对那些每三五十年就发生一次的事件是没有必要建模预测其后果的。那些灾难已经有了扎实的数据,更别说还有亲历者留下的记载,你不需要一个科学家来告诉你它们的后果。我当时问了一同工作的水文学者,他们知道的最大一场风暴是什么,听到回答时我简直不敢相信。

加利福尼亚于16世纪被西班牙占领,这个地名也来自当时一本流行西语小说里的一座虚构岛屿,那是一个遥远而富饶的地方,由名叫"加利菲亚"(Califia)的亚马孙女王统治。其实,在灌溉系统引入之前,真实的早期加利福尼亚远没有那样美好。当时它每年仅有三四个月有雨水,夏季漫长而干旱,并不能种多少庄稼。到1821年,当一场革命将加利福尼亚从西班牙转交到墨西哥帝国手中时,它总共只吸引了几千个欧洲人前来殖民。由于对税收贡献太小,墨西哥政府对它也并不重视。大多数**老加利福尼亚人**(早期殖民者的后代,说西班牙语)都居住在这片土地的最南端,因此当少数说英语的人民到北部定居时,他们并没有遭到抗议。当加利福尼亚在1848年的美墨战争中输给美国时,这里只有不到8000名说西班牙语的白人,还有约5万人是美洲原住民。

但是1848年在萨克拉门托附近发现黄金之后,一切都变了。消息传得很快,到1849年时,定居者已开始大量涌入加利福尼亚。当地的政治领袖开始手忙脚乱地应付这波移民(即所谓的"四九人"),加利福尼亚也很快在1850年被确立为美国的一个州。当年的第一次美国人口普查显示,加州的居民还不到9万人,但到了1860年,这个数字已经膨胀到了40万以上。在寻找黄金迅速致富的道路上,大多数人都失败了。最可靠的成功途径反倒是向矿工提供生活必需品。

在淘金潮兴起之前,加利福尼亚的主要产业是畜牧业,从这里卖出的皮革和动物油脂经承运人之手送往东海岸。但是随着新居民的涌入,农场、商店和轻工业在加州北部迅速发展起来,一同兴起的还有酒吧、赌场和妓院。淘得的黄金从旧金山湾的港口运出,旧金山也迅速成为州内最大的城市。这个新州的首府换了几个地方,最终确定在萨克拉门托,那里也是大量淘金活动的中心。旧金山和萨克拉门托上方内华达山脚之间的区域聚集了加州五分之四的人口。当时的南加州还被老加利福尼亚人和他们的牧场所统治,那一带夏季没有可靠的水源,农业只被限定在几条大河附近的区域。

到1861年,淘金潮最狂热的日子已经过去,加州开始填补它的基础设施。州议会刚刚成立了加州地质勘探局以盘点州内的资源,并招募惠特尼(Josiah Whitney)任州地质学家。这时治理州务的都是在淘金潮中赚到钱的人,他们希望好日子能延续下去,他们知道惠特尼参加过好几项地质勘探,因此指望他能找到更多财宝。

惠特尼却对自己的这个新角色有些不同的认识。他对当时的政治局势惊人地无知,一门心思只寻找那些待人发掘的**科学财宝**。经过三年勘察,惠特尼出版了两本著作,主题都是古生物和动植物区系。州议会立刻

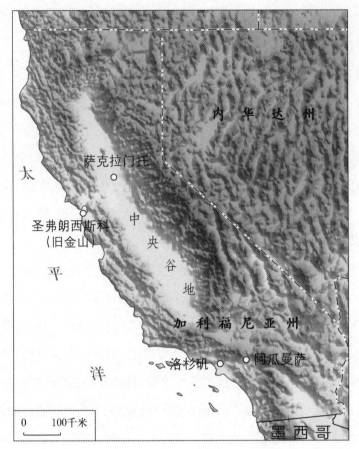

加州地图。

砍掉他的经费，他反过来骂他们是腐败、无耻、愚昧、恶毒的笨蛋。当州议会将勘察经费彻底取消时，除他之外没人感到意外。惠特尼畅想的研究大多数没有结出果实，虽然他最后也发表了几篇优秀的报告。

惠特尼还留下了另一件隐藏的珍宝。在他的团队里有一个年轻的植物学家名叫布鲁尔（William Brewer），此人详细记录了在加州勘测的那段时光。这份记录让我们对1861—1862年的那个不同寻常的冬天增加了很多了解。

加州沿海地区是典型的地中海气候，每到夏天，亚热带高压就会向北移动,阻挡大部分降水。到了冬天,高压又会南移,引入西风带并带来风暴,为低地送去降雨,为内华达山脉送去降雪。之后积雪融化,形成流水,使那些本来太过干旱的地方也能发展农业。但在有些年份,高气压却徘徊不去,使冬季的雨雪迅速消失。在另一些年份则会形成一种风的模式,带来一场又一场贯穿全州的风暴。就像它的经济一样,加州的气候也是繁荣与萧条相交替。19世纪50年代就发生过一场广泛的旱灾,限制了农业生产,虽然当时有大量新移民涌入加州。

风暴击中加州时势道很猛。人人都知道墨西哥湾和大西洋沿岸的南方各州容易受到飓风袭击,大多数人也叫得出那些飓风的名字:卡特里娜、哈维和桑迪。其实加州的冬季风暴会产生和一次大号飓风一样多的雨水,但因为没有被命名,人们很难记住它们。衡量极端降雨的一个标准是:一场风暴是否在三天时间内产生了超过16英寸(约41厘米)的降雨?美国很少有记录站见过这样规模的降雨,见过的那些大多位于飓风州。记录这类降雨超过两次的地点更是少之又少,除了在加州。在内华达山脉中有一处站点,曾7次记录到了这样的极端降雨事件。

最近的研究让我们对这类风暴有了新的理解。在20世纪90年代,一种能直接测量空气水分的新型卫星发射升空,向我们揭示了一些惊人的特征。原来空气中存在一些"大气层河流"(atmospheric rivers),它们是大气中的一缕缕水汽,能将水分从热带输送到中纬度地区。这些天河一般长数千英里,宽几百英里。当一条大气层河流经过加州上空时,它就会带来一场豪雨。通常来说,这样的暴风雨只会持续一到两天。但是偶尔,大气条件也会使降雨之门保持开放,由此引发洪水。

科学家曾尝试用手头有限的气象记录重构1861—1862年的那次加州水灾。现在看来当时已经具备了出现大气层河流的条件,那些河流在形成后由北向南移动。1861年12月初,俄勒冈州开始下雨,从12月下旬到次年1年,豪雨空袭了加州北部,到1月底加州南部又成了靶心。天上仿佛开了一道雨门,在之后的45天里始终没有关闭。灾害在全州蔓延,造成数千人死亡,庄稼、田地、牲畜和商业尽遭摧毁。

由于当时只有几个地方配了定量测雨设备,今天再要准确评估当时的雨量已经很难了。面对大雨,科学家布鲁尔发出了这样的感叹:

> 从11月6日的第一场阵雨开始到1月18日,总降水量已经达到32.75英寸,而且雨还在下! 但这还不是最糟的:在塞拉山坡上的矿区,降水量普遍达到其他地方的2倍,有时甚至是3倍。从1861年11月11日到1862年1月14日,图奥勒米县的索诺拉,降雨量已经有72英寸(6英尺)之多,图奥勒米县的其他几个地方降雨量也已超过了5英尺! 这么多雨水,都是在短短两个月内降下的。两个月的时间,加州的一些地方就承受了伊萨卡两年的雨水。

南加州的数据比北加州更少,但有一份记录显示洛杉矶降水量达66英寸(约1.7米),而这个地区往年的年降水量还不到30英寸(约76厘米)。

无论数据如何,结果都是遍布全州的毁灭性打击。加州的中央谷地是一片巨大的低地,几乎贯穿全州,它的西边是太平洋沿海,东边是内华达山脉。从内华达山上冲下的激流注满了谷地,过了大半年时间才完全流干。加州首府萨克拉门托建在美国河与萨克拉门托河的交汇处,那正是位于中央谷地北端的平原地带。这座加州第二大城市遭受了最为集中的破坏。

最汹涌的洪水在1月9日爆发了。先是美国河水位上涨,堤岸于当天早晨垮塌。这时萨克拉门托河尚未迎来波峰,它的堤岸还撑得住——结果就是美国河的河水全部淤积在了**城内**。1月10日,萨克拉门托的河水超出枯水水位24英尺(约7.3米)。由于城内的大部分建筑都只比枯水水位高16英尺(约4.9米),它们都淹没在了8英尺(约2.4米)深的水下。《纽约时报》(*The New York Times*)是这样报道的："城中最时髦的那些住宅,大多都在客厅里进了3—6英尺(约0.9—1.8米)的水。许多房屋二层的灰泥墙面上都留下了清晰的水位线。有几十座木质房屋被洪水托起带走,其中的一些还是两层高的……家中的所有木柴,大部分栅栏和棚屋,所有家禽、猫、老鼠,以及大量奶牛和马匹,都被大水卷走了。"

第二天正是新当选州长的斯坦福(Leland Stanford,后来创办了斯坦福大学)就职的日子。不巧的是新建的州议会大厦也被困在洪水中央。参加典礼的人只能划着小船前往。他们抛开对自身安全的担忧,如期在议会大厦举行了典礼。州长宣誓就职,然后划船回到府邸,他在二楼的窗户边上停靠,接着爬了进去。新一届州政府努力正常运作,但萨克拉门托城内的生活支持体系已经崩溃。12天后,州政府举手投降,转移到旧金山继续办公。

大洪水期间的萨克拉门托。这幅立体照片拍摄的是第四街以东段的K街,来自加州大学伯克利分校班克罗夫特图书馆的加州历史图库(California Heritage Collection)。

洪水的破坏无处不在,以至于有人认为萨克拉门托再也不可能恢复了。布鲁尔在3月返回萨克拉门托,记录了这样一幅景象:

城市大部分仍在水下，至今已经被淹没了3个月……低处都积满了水——地窖和院子都被淹了，房屋和墙壁也浸湿了，没有哪里是舒服的……院子变成了池塘，四面围着破旧、肮脏、泥泞的栅栏，椅子、桌子、沙发等家具和房屋的碎片或在泥水中漂浮，或在角落里搁浅……从市内伸出的道路无一可以通行，商业皆陷于停滞，一切看起来都是那样的凄惨可怜。许多房屋已经部分倒塌，有的从地基上连根拔起，有几条街道（现在都成了水路）被漂来的房屋阻塞，四下躺着动物的尸体——多么可怕的画面。我想这座城市是再也不能从打击中恢复了，我看不出有那样的可能。

　　萨克拉门托毕竟还是恢复了。这靠的是无畏的远见、坚定的决心和非凡的建设动力。市政府制定了方案：将整座萨克拉门托城托举到1862年的洪水水位以上，然后重新建造。居民们自愿缴了一笔泥沙运输税，将2.5英里（约4千米）见方的城市地面抬升了9—14英尺（约2.7—4.3米）。有些业主将建筑从地基上拆下，抬高了10英尺（约3米）。也有人干脆放弃了自家的一楼，把里面全部填满。整个改造历经15年时间和难以统计的成本才终告完成。

　　大灾难的景象已经从未知变成了已知。居民们被失去城市的真实恐惧所驱使。除了生命受到威胁之外，他们还明白了州政府的位置是可以移动的，州政府就此留在旧金山的可能笼罩在了他们头顶。

　　人类历史上屡屡有城市被洪水冲走之事。这场加州洪水的特别之处在于，萨克拉门托只是当时几百座损毁或近乎损毁的城镇之一。在它之外，北加州的大多数城市也都遭遇了重创。1862年1月21日，就在加州南部遭受最强降雨之前，《纽约时报》发表了这样的报道："整座萨克拉门托市,除了一条街道的一小段、马里斯维尔部分地区、圣罗莎部分地区、奥本部分地区、索诺拉部分地区、内华达部分地区、纳帕部分地区和几个不太重要的镇子之外,都已经没入水下。"许多小镇被彻底摧毁,完整的数字难以统计。据《沙斯塔县快报》(Shasta County Courier)报道,只在那一个县,就有3个镇子损失了所有房屋。看来还有许多人干脆离开了加州。洪水袭击后20个月,布鲁尔和《纽约时报》都报道了州内人口的下降。

布鲁尔开始将中央谷地称作"大湖"。

> "大湖"在这一段宽60英里,两岸一侧是高山,另一侧是矮丘⋯⋯这片广袤区域的几乎每一座房屋和农场都消失了。大湖如此浩瀚——长250—300英里、宽20—60英里,湖水冰冷泥浊,大风激起巨浪,将一座座农庄拍成碎片。美国从未见识过洪水引发这样凄凉的景象,在旧大陆也很少见到。

山区的许多地方都发生了山体滑坡,而那里还有矿工居住。滑坡加上洪水夺走了许多条生命,但死亡总数始终没有统计出来。和许多灾难一样,穷人又是受灾最重的。他们本来就生活在不甚牢固的屋子里,也没有多少资源应对灾情。据旧金山华人援助组织整理的报告,中国移民的损失似乎最重。华人社区中的死亡人数可能超过了1000人。

与萨克拉门托相比,旧金山受灾较轻。这个城市建在一座半岛的顶端,东边是旧金山湾,西边是大洋,两侧都可以排放雨水。但即便是在旧金山周围,洪水肆虐的迹象仍随处可见。北加州的大部分地区都靠流入旧金山湾的几条河流泄洪。而旧金山湾在金门的出海口十分狭窄,当时水流湍急,船只根本无法进入。曾经只有咸水的出海口外,这时也能捕到淡水鱼了。好在旧金山这座最大的城市完好无损,对于加州的幸存多半起到了关键作用。

位于加州南部的洛杉矶和奥兰治县如今是1400万人的家园,但当时它们的人口还不到15 000人,且大多都经历了那次洪水。洛杉矶是这个区域最大的城市,第二大是阿瓜曼萨(意思是"温柔的水")。这里的圣塔安娜河两岸土壤肥沃,河水还能在干旱的夏季灌溉农田,对当年的定居者来说一定是个理想的地点。

在南加州往年的冬季,圣塔安娜河承接圣贝纳迪诺山脉的稀少雨水,将它们汇成一道可以控制的水流。但圣贝纳迪诺山脉是全世界最陡峭的山脉之一,山势加速了所谓"地形抬升"(orographic lift)的影响。当升腾的风暴云越过山脉,它们迅速降温并挤出雨水。山脉上的气象站记录到的降雨量常比山下阿瓜曼萨的气象站的多一倍。

1862年1月22日晚,在接连四周的降雨和超过24小时的洪水之后,阿瓜曼萨在汹涌的激流前失守了。当地的教堂建在市镇的一块高地上,教堂里的博尔戈塔(Borgotta)牧师听见了洪水上涨发出的巨响。他感到危险来临,开始不停地敲打教堂的钟。听到钟声,镇里的居民都跑来查看是怎么回事,他们留在了教堂里,留在了这个唯一安全的地方。当洪水继续上涨,博尔戈塔牧师继续不停地敲钟,直到最后几个居民涉水游到了教堂。

因为博尔戈塔牧师的快速决断,阿瓜曼萨没有一人死亡,但整座镇子还是被洪水摧毁了。土坯房屋在激流中分解溶化,农田也被山里冲下的碎石掩埋。除了教堂和牧师宿舍,镇上的房屋尽数倒塌。镇民的牲畜被卷走溺死。田地到来年春天仍无法耕种,因为洪水带来的大小石块挡住了犁。今天,阿瓜曼萨仅存的遗迹只有那道通向教堂拯救教区居民的阶梯了。

大水在加州停留了数月,就此改造了这片土地。在安纳海姆,它使圣塔安娜河扩张了4英里(约6.4千米),由此创造了一片深4英尺(约1.2米)、持续存在一个月之久的内陆海洋。当洪水终于退去,圣安娜河的入海口已经移动了6英里(约9.7千米)。在洛杉矶,有人形容城市两头的高山之间全是积水,从帕洛斯弗迪斯半岛到圣加布里埃尔山脉,一连50英里(约80千米)没有一块干燥的陆地,今天这片区域是大约1000万人的家园。

在一度是中央河谷的"大湖",洪水持续了一整年。刚竖立不久的连接旧金山和纽约的电报杆完全被淹在了水下,一连几个月都不能发挥作用。道路无法通行,邮件亦不能收发。在整整一个月的时间里,当地和外界的通信全部中断了。每一个社区都知道本地发生了什么,但是要等到好几个月后,加州人才会听说州内的其他地方发生了什么。一直到2月底,南加州受灾的消息才终于传到了国会大厦。

甚至到了今天,要充分理解那次大水造成的毁灭仍是困难的,因为那些小型社区遭到的破坏并未记录下来,人们都觉得讨论大城市的破坏才更激动人心。我们从当时的物业税记录得知,有三分之一可以征税的土地都被摧毁了(因此没有在1862年贡献税收)。加州破产,州议会18个月没有收入。(知道了这一点,我们或许会对州议会砍掉惠特尼教授勘探经费的决定多一点同情。)

大洪水深刻地改变了加州的经济格局。有几个产业完全被毁。携带着沉重泥沙的淡水冲刷了旧金山湾的牡蛎养殖场,使产量归零。采矿设备被冲到山外,还死了许多矿工,人力和设备的损失标志着淘金潮就此开始走向终结。曾经决定了南加州文化的畜牧业严重萎缩,下降为一个次要产业。畜群受到大水的严重打击,共有20万头牛、10万只绵羊和50万只羊羔被淹死。牧场主们无力重建畜群,更糟的是,之后的两年还调转方向发生了严重干旱,加重了损失。加州就此从畜牧经济转变成了农耕经济。

仅仅是描述一下这场洪水的破坏程度就令人很难受了。这不是我们一般理解中的那种洪水,它所经之处都成了废墟,覆盖了数千英里的聚居地。然而150年后的今天,大多数加州人却不知道有过这样一场灾难了。

在萨克拉门托，人们还记得那场洪水，但他们仅把其当成局部事件。在那里，灾难和恢复被看作社区的坚韧和聪慧的证明。市政府在博物馆中向市民展示被埋葬的一楼，并称其为"萨克拉门托地下展"。但除此之外，州内的居民们关注的只是干旱和地震，对洪水已经毫不在意。

对这样规模的一场劫难，加州怎么能说忘就忘呢？

我们的群体遗忘是由心理和生理两方面因素造成的。进化心理学研究了我们的思维和情感如何随着进化的压力而改变。我们是在一个充斥着猎食者和饥荒的世界中进化成人的，对短期的危机做出迅速反应是我们生存的关键。我们的周遭充满风险，谁学会了识别最紧迫的风险，谁就会成为最成功的繁殖者。而对我们大多数人来说，洪水并不是紧迫的风险。只要灾难和自己不相关，比如没有亲身经历过或没有听父母及祖父母回忆过，我们和灾难的联系就会变得薄弱，以至于根本不能激起情感。而在风险评估方面，情感常常比理智更加有力。

还有另一种与之相关的心理倾向在起作用：人们向来把洪水看得比其他灾害要温和，即使它造成的死亡人数和经济损失是巨大的，这是因为洪水的源头是我们熟悉的现象。在我们进化成人类的史前世界，祖先们往往觉得可见的猎食动物不如隐蔽在草丛里的那些危险。只要人们能够看见猎食者，就有办法防御。但是对那些隐蔽在草间的毒蛇就不行了。于是，我们始终惧怕那些潜伏于视野之外的危险。我们惧怕核能的威胁，尽管美国唯一的核事故——三里岛事故中没死一个人；相比之下我们对驾驶这个行为倒不大在意，虽然每年死于车祸的美国人超过3万。我们一边为打手机可能致癌而提心吊胆，一边又肆无忌惮地抽着烟。

我们对下雨太熟悉了，以至于觉得它亲和。洪水是会上涨的，但至少你看得见水漫过来的样子。它的破坏似乎是可以管理的。大多数时候，我们也确实把它管理得不错。而其他的那些灾害——地震、火山、滑坡等，就比较神出鬼没了。它们无形无迹，会对大地造成突然的破坏。下雨就不这样。

在心理因素之外还有物理因素。对于一切自然灾害,小规模事件都要比大规模事件频繁得多,最严重的灾害也是最罕见的。看看世界各地今年记录的地震,或者加州历史上的地震,甚或只是一场地震的几次余震,你都会发现同样的规模分布:每发生一场7级地震,就会发生10场6级地震、100场5级地震、1000场4级地震、10 000场3级地震和100 000场2级地震。

洪水也有类似的模式(虽然每个排水系统的统计数字都是独一无二的)。对每一条河流,我们都可以测量它的流速,即每秒有多少流水通过某一个点。这个流速大多数时候都不高。当一场平常的风暴来临时,流速会略微上升。每过几年还会来一场强烈的风暴,使流速变得更高。如果雨水降在大量积雪上,流速还会再上一个台阶。当所有因素叠加在一起,则会引发一场灾难性的大洪水。总之就像地震,小型洪水常有,大洪水就罕见了。

水文学家每天都会测量流速。他们会将每天的流速标在图上,坚持多年。他们可能会说一条溪流有很高的概率会超出任何一个年份的低水位值,有中等概率会超出该年份的高水位值,有很低的概率会超过极高水位值。在一年中的任何时候只有1%的概率会达到的流速称为"百年一遇的洪水"。你可以推算分布曲线,假设这种由大到小的关系会持续下去,由此估算千年一遇的洪水,也就是只有1/1000的概率会在今年发生的洪水。这个概率当然很低,但如果有数千条河流,每条都遭遇了不同强度的风暴,我们就会在大多数年份都看到"千年一遇"的洪水。

在19世纪加州的几场严重洪灾中,1861—1862年的那场是破坏最大的。到20世纪初,中央谷地这个大河三角洲已经有防洪堤镇守了。人们在山脚建起了蓄水的堤岸,它可以收集用于灌溉的山泉水,并抵御洪水。1938年的一场暴风雨在5天之内对洛杉矶周围的山脉倾泻了32英寸(约

0.8米)雨水,使三分之一的洛杉矶盆地没入水下,到这时,加州南部的防洪呼声再也无法被忽视了。洛杉矶的几条溪流两侧筑起了混凝土,以加快河水流入海洋。通过人类的聪明才智和工程技术,洪水被遏制了。

但这只是表面现象。工程师们只做到了控制较小规模的洪水。这些大坝、防洪堤和混凝土河道确实能容纳百年一遇的洪水,在少数情况下还能容纳200年一遇的。可是无论你建起多大的防洪系统,总有可能出现更大的洪水——事实上,只要你等得够久,这几乎肯定会发生。在将来的某个时候,像1861—1862年那样的冬季**一定会**再次来临,届时洪水会漫过大坝,击溃防洪堤,淹没几百万户人家。这不是**会不会发生**的问题,而是**何时会发生**的问题。

这里就需要我和我的团队出手了。2008年,就在我们公布圣安德烈斯地震场景的最后一个阶段时,我们也开始为加州的一场大洪水建立模型。我们的模拟对象是类似1862年那种规模的洪水,囿于建模条件,它实际上比模拟对象规模要稍微小一些。我们将这个模型称为"ARkStorm"(方舟风暴),其中"AR"表示大气层河流(atmospheric rivers),也就是大暴风雨背后的那种气象学现象,"k"表示"1000",即我们研究的是千年一遇的罕见大暴风雨。(实际上,用"k"这个字母是有些随便的,但这样能凑成"ARk"即"方舟"的字样,感觉比较酷。)我们从地质学记录中估计,像1861—1862年那种规模的暴风雨,每过一两个世纪就会发生一次——频率上和圣安德烈斯大地震相差无几。

我们模拟的洪水规模之大,足以掀翻现有的防洪系统,使加州回到尚未采取任何防洪措施的19世纪。我们惊讶地看到,"方舟风暴"的破坏力竟会比"振荡"地震大这么多。我们在一切可能的地方都使用了同一套方法论,结果发现加州会有24%的房屋被毁坏,洪水造成的损失将超出地震的4倍、逼近1万亿美元。

然而最令人意外的并不是这个发现本身,而是我们的研究在2010年公布时引起的反响。许多官员根本拒绝接受它。相比我们的振荡模型得到了应急管理者的接受,许多洪水管理者却径直否定了大洪水会造成这等破坏的可能。他们知道洪水是什么样的,因为他们在过去应付过许多场洪水。他们相信自己的工程方案已经尽善尽美,因此对我们的发现不屑一顾。(我们的模型在地方上得到了较多支持,那些小型区域组织都认可它。他们也比较容易想象自己的社区被毁的场景。)

这就又要说回上面的心理学原因了。作为灾害科学家,我们知道洪水造成的精神痛苦要小于地震,因此对这一点不应太过意外。但我原本以为,在面对证据时,城市管理者们还是会说出"我们需要改变工作重心"的话。可实际上,他们却否定了我们的大部分数据,因为它们不符合这些应急管理者的情绪反应——他们和普通人一样,更加忌惮看不见的威胁。心理学家或许会说他们的态度体现了证真偏差*(confirmation bias),即对不符合自身观点的数据持批判态度。

管理者无法接受极端洪水灾害的可能,这一点使全美国乃至全世界的人民都处在了更大的威胁之中。评估一场洪水可能有多严重的标准方法需要用到历史记录。而在美国,这段历史的长度,即水文学家所谓的"记录时段"(period of record),很少有超过100年的,这是因为直到19世纪晚期人们才发明出了第一部流速仪。这也意味着更早的洪水,例如1861—1862年的那几场,都没有被纳入预测的参考,虽然我们知道它们发生过。整个美国,人们都根据不充分的数据在泛滥平原上建立房屋和事业,每建设一个新项目,风险就增加一些。

今天的局面可能已变得愈加危险。我们的大气中多出了许多热量,

---

　　* 人们希望去寻找与他们持有观点相一致信息的现象,任何与其观点相冲突的信息都会被忽略掉,而一致的信息则会被高估。——译者

使过去100年的全球平均气温上升了1.5华氏度（约0.8摄氏度），这也相当于往大气中增加了许多能量，可能引发更多的极端风暴。任何"千年一遇洪水"背后的假设，都是将来会和过去相似——科学家称之为"平稳性"（stationarity）。但是仅过去短短10年，南加州的查尔斯顿和德州的休斯敦就遭遇了数场千年一遇的大洪水，不少水文学会议和讲习班上都响起了"平稳性已死！"的呼声。

1862年，当加州三分之一可征税的土地被洪水摧毁时，加州的居民只有40万人。现在加州的人口已经翻了近100倍，他们可能在将来遭遇另一场大洪水。但这一点几乎没人知道。

◇ 第五章

# 寻找断层

日本东京-横滨，1923年

如果这里还不算地狱，哪里才是呢？

——1923年关东大地震的无名幸存者

对日本和日本历史文化的影响，地震所具有的关键意义绝不亚于富士山或者天皇。日本的地震频率是加州的3倍，历史上曾反复被地震和地震引发的海啸摧毁。根据日本神话，地震的祸首是埋伏于地下的一条黑色大鲶鱼，表现这个大地震动者的木刻作品被广泛地制作及销售。在日本，台风和闪电都有专门的保护神，只有地震的原因被归结为大鲶鱼的怨念，唯有神道教的一位神明方能将它驯服。

在曾经毁坏日本的地震中，1923年的关东大地震是极致命的一场，它的震级是7.9，摧毁了东京和横滨的大部分地区，并造成超过14万人死亡。这场地震发生时，日本正从一个传统、孤立的文化形象转变为世界舞台上的一员，国家对这场地震的反应也体现了这种裂变。

1000多年来，日本帝国始终保持着对日本列岛的主权，帝国也深知这几座岛屿在地球上的特殊位置。日本天皇被视作半神的人物，他是天照大神的后代，也是日本人民与神明世界沟通的桥梁。将军以天皇的名义摄政,是帝国的实际统治者,经过千百年的历史,天皇已经大致变成了一个象征性人物。

一幅鲶绘作品,这是一种以地震为主题的浮士绘。

在对世界的理解上,日本文化和哲学受到中国儒家学派的影响。中国最古老的经书——《易经》,创作于3000多年前,是中国和日本哲学的基础文本。孔子曾研究过《易经》并写下了内容广泛的评论。在中国战国时期,哲学家邹衍根据《易经》的思想创立了阴阳学派。这一派认为,宇宙取决于两股根本力量的相互关系,这两股力量是"阳"(代表男性、光明、空气、炎热)和"阴"(代表女性、黑暗、大地、寒冷),它们通过5种元素(水、火、木、金、土)发挥作用。

到公元前2世纪,西汉哲学家董仲舒把阴阳学派和儒家思想相结合,创立了一种新的哲学,它将在接下来的2000年指导中国朝廷,并强烈影响日本。董仲舒的著作《春秋繁露》描绘了这样一个世界:上天、人类和自然领域相互关联,其中的每一份子都必须维持阴阳这两股相对势力的平衡。人类世界一旦失衡,自然界便会回应,由此引发自然灾害。

董仲舒的著作强调帝王在连接几大领域方面的作用,为避免灾难,他也为帝王的行为制定了纲要。如果皇帝太过专制,不许大臣在政府中发挥恰当的职能,那么帝国就会阳气太盛并受到台风的袭击。而如果皇帝太弱势,被大臣篡夺了本该属于他的职权,或者有女性进入了政府,那就是阴气太盛,会造成大地升腾,压倒天空,导致地震。这些观念被日本文化全盘吸收,乃至早在公元675年,日本政府就专门设立了一个部门,负责提出维持阴阳平衡的忠告。

当西方人在17世纪初到来时,日本人感觉自己的生活方式受到了威胁,于是在1635年,将军为了恢复阴阳平衡,禁止任何外国人在日本居住,违者以死刑论处。这条法令和日本的闭关状态维持了200年。当启蒙思潮在西方生根发芽时,这个国家的传统观念却仍根深蒂固。一直到19世纪,日本人依然认为没有天灾就意味着政府的统治是仁慈且正当的。反过来说,就像宾州州立大学的历史学家和亚洲研究教授斯米特(Gregory Smit)指出的那样,当"上天的道德原则和政府表现之间的差异变大时,奇怪的大气现象、庄稼歉收、瘟疫、地震等自然灾害就成了上天不悦的确切证据"。

总之,当时的日本就像它之前之后的每一个人类社会一样,也认为地震、饥荒和火山活动不可能随机发生。他们同样在这些天灾之中寻找模式,推演意义。在犹太教与基督教共有的传统里,个人和神有着私密关系,因此灾难就被视作个人选择了恶的结果。而在日本,社会和谐以及共同体的重要性超越个人,因而同样的灾难,日本人会归结为全社会的失败。

19世纪中期,正当加州在应付那几场大洪水的时候,日本也正艰难地抵御着一波危险的思潮。1853年,美国海军舰队司令佩里(Perry)闯进日本,终结了保护日本社会数百年的孤立状态。佩里率炮舰驶入东京湾,要求日本打开国门与西方贸易。统治日本的领主们没有自己的海军,他们根本无法抗衡佩里,只能为自己的无能而惭愧。关于自身在天地间的位置,日本无奈地接受了一种和从前截然不同的观点。

接下来不到10年,原本由一位将军和几百名封建领主组成的统治结构就被推翻了,这个变化史称"明治维新"。天皇重新获得权力,不再是一个摆设式的领袖。在一群亲密顾问的协助下,明治天皇掌握了日本的外交政策,否定了之前将军采取的孤立主义。从佩里司令带来的羞辱中,他们看清了向西方学习的必要。面对美国的钢铁战船、大炮和火枪,武士们高超的搏斗技术和个人修行都显得无关紧要了。天皇和他的顾问发誓要为日本制造自己的火枪和战舰,他们绝不能再次受辱了。

明治天皇明白,要建设一个足以匹敌西方的工业社会,日本就必须向外探索。他物色了年轻的欧洲科学家和工程师,用提供经费和学生的方式吸引他们到日本发展。

这批移居者中有一名英国地质学家叫米尔恩(John Milne)。米尔恩1850年生于利物浦,曾认真研读过许多科目,对于数学、勘测、工程、地质学和神学都下过功夫,年轻时靠着在酒吧里演奏钢琴挣到了部分学费。他大学上的是国王学院,后来因为立志成为采矿工程师,又去了伦敦的皇家矿业学院深造。他显然很喜欢旅行,短短几年就参加了前往欧洲大陆、冰岛、加拿大和西奈半岛的考察团。25岁那年,他接受日本发来的聘书,去东京的帝国理工学院做了一名矿产和地质学教授。因为晕船,他是走陆路去的日本,沿途经过了斯堪的纳维亚、俄罗斯、中亚和中国,后来的西伯利亚铁路就是沿这条路线修建的。1876年3月8日,米尔恩到达东京。当晚,他就经历了人生中的第一场地震。

从米尔恩兼容并包的研究领域可以看出,他的兴趣是多方面的。在1879年的著作《穿越欧亚》(*Across Europe and Asia*)中,他记录了自己在穿越欧亚大陆期间的地质学和植物学观察。在去日本的北部岛屿北海道旅行时,他又研究了日本的土著民阿伊努人。他在那里遇见了一座佛寺住持的女儿堀川东根(Toné Horikawa),两人结为夫妻。(许多年后,他们又在东京的一座教堂里重新结婚,这次举行了一个英国政府认可的仪式。)堀川也作为地质学家和米尔恩一同工作。

在对地震的研究中,米尔恩留下了永远为世人铭记的精神遗产。自启蒙运动之后,欧洲人就投身于广泛的科学事业。但是在欧洲可以观测的地震不多,并没有多少研究者将严谨的科学方法运用到这个领域。在日本,米尔恩和他在皇家理工学院共事的工程师们开始测量他们切身感受的地震,他们通过这些测量创立了现代地震学。

日本列岛是在4个构造板块的持续冲撞下产生的。最西边的欧亚板块和东北边的太平洋板块以及东南边的菲律宾海板块相互撞击,中间还夹了一小片北美板块。这4个板块的撞击使西边的2个板块,即欧亚板块和北美板块隆起,创造了日本列岛,当然也创造了形成火山(如富士山)的岩浆。

在所有板块交界的类型中,像这样的俯冲带发生地震的概率是最高的。它们承受的压力更大,因为板块之间的关系是相互**推挤**的,而不是彼此分开或者侧向摩擦的,这种推挤会产生更多摩擦力,地震中也会释放更大比例的能量。日本地震的原因是4个板块之间的撞击,而不是2个,这导致日本的地震往往散发于列岛各处,而不仅仅在板块交界的地方。在日本,因为地震的晃动而身处险境的人比世界上任何地方都要多。

米尔恩就是在这样一个地方开始研究的。他在亲身体验过地震之后感到好奇,并开始设法记录它们。1880年2月,一场大地震破坏了港口城市横滨之后,米尔恩偕同另两名英国人和几个日本同事成立了世界上第一个地震研究组织——日本地震学会。他们的第一步工作就是以一只水平摆为基础,发明了一台精密地震仪。这部地震仪的核心原理是将一件大质量物体悬挂起来,这样当地面开始运动时,这件物体仍会停在原来的位置。在这个物体上连一支笔,使其能在固定于地面的纸张上书写,这样就能绘出地面和物体之间的相对运动了。(当代的地震仪仍会悬挂一个重物,但它们已经改用一套电反馈系统来获得对运动的数字记录。)有了这个,就可以创建一份记载地震方位和地震规模的综合性目录了。这一年,米尔恩的学生关谷清景(Seikei Sekiya)成了世界上第一个获得"地震学教授"称号的人。他同时也被任命为世界首个地震学系——东京大学地震学系的主任。

有了这些"第一"——新设备、新数据、新学者,地震学这门学科迅速蓬勃地发展了起来。但当时的地震学家发现(现在依然如此),本学科最

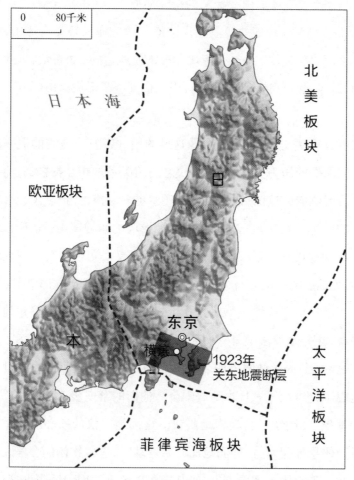

日本本州岛地图,图中显示了板块交界以及1923年关东大地震的断层位置。

米尔恩（中）和妻子堀川注视着他的一部水平摆地震仪，左边是俄罗斯地震学家鲍里斯·加利钦公爵（Prince Boris Galitzin）。照片为怀特岛卡里斯布鲁克城堡博物馆藏品。

为重大的发现都来自那些最有意思的天然地震——和其他科学家不同，地震学家是无法自己开展实验的。

1891年，8级的美浓尾张地震为早期地震学家们提供了研究素材。引发这次地震的断层并不处于3个海外构造板块的交界处，而是内陆的一条次级断层。这条断层开裂到地面，截断了溪流和道路。因为研究这个地质特征，米尔恩第一个提出了地震和断层关系的假说。（但是他把因果关系弄颠倒了，说是地震震裂了断层。还要再过几十年，科学家们才会明白是断层沿线的运动引起了地震。）

米尔恩的另一个学生大森房吉（Fusakichi Omori）利用美浓尾张地震识别并量化了地震行为中最大的非随机因素：余震。在一场地震之后，其他地震会变得更容易发生。一条断层上的活动会对周围的一切施加应力，造成新的不规则性和应力的集中。之后发生的地震则会释放这些应力。由于之后的这些地震在意料之中，并且是之前那场地震的直接后果，我们就称它们为"余震"。

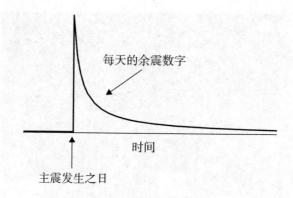

每天的余震数字

时间

主震发生之日

我们怎么知道这是一次余震呢?"余震"这个词被用来描述那些发生在主震之后且频率比主震发生之前更高的地震。

　　大森研究了美浓尾张地震的余震,他指出余震的频率会随着时间的流逝而下降,并且下降的规律可以描述为一个简单的等式:如果主震后的第一天有1000场余震,那么第二天就会有1000÷2,即500场余震,第三天是1000÷3,即333场余震。依此类推,第10天会有1000÷10,即100场余震,第100天会有1000÷100,即10场余震。这意味着余震的频率会迅速下降,但是会拖延很久。主震后的第99天会有1000÷99,即10.101场余震,可见第99天和第100天是非常相似的。1991年,也就是在大森研究的1891年地震过去100年后,日本的地震学家指出当年那条断层沿线的地震频率仍遵循着大森在100年前发现的衰减模式。

　　美浓尾张地震后不久的1895年,米尔恩带着妻子崛川回到了英国。他在怀特岛上制造了和日本相似的地震仪,并在几个地点安装。经过与日本同行的交流,他证明了在英格兰记录到的一些地质运动是由日本的地震引发的。这一发现开创了全球地震学这门学科。

　　说回日本,1896年关谷清景去世,大森房吉被任命为地震学系主任。他为系里扩充了教员和学生。仪器地震学的研究照常进行,日本领先全球。

1906年,圣安德烈斯断层北段的那场大地震摧毁了旧金山,日本天皇向美国提供了援助。大森教授也亲自前往旧金山提供科学知识,并了解这场地震。因为当时加州的反亚情绪,他一到那里就受到了不公正待遇,甚至在街上遭遇了袭击。但他坚持了下来,这对我们大家都是一件幸事。他和加州大学伯克利分校的科学家合作,将地震学研究带入了美国。

当年是米尔恩最早将地震的发生和地表可见的断层联系在了一起。10年之后,大森房吉的一个学生今村明恒(Akitsune Imamura)又进一步尝试对地震的空间分布做了量化。他很幸运,地震的空间分布比它们发生的时间更容易预测。回顾日本历史,今村发现了一个规律,那就是东京-横滨都市区的地下曾经屡次发生地震。他开始担心未来的一次大地震会对这个刚刚都市化的地区造成怎样的伤害了。

当一场地震在断层上移动,断层平面上的每一个点都会产生震动。如果断层是垂直的,就像圣安德烈斯断层那样,震动的汇集就可以表示为地球表面上的一条直线。断层上产生的震动从这条直线向外发散,离开断层越远强度就越弱。我们因此可以看到一种线性的震动模式。如果断层比起垂直更接近水平,像是俯冲带上的那种主断层,那么发生强烈震动的地带就会更加广阔。在地图上,它表示为不是一根直线,而是一片区域,有时还会覆盖一整座城市。

今村发现,历史上的地震都曾包括整个大东京和横滨。到他的时代,这个地区经过迅速成长,总人口已达到400万,正维系着日本的新兴工业化进程。其居民有超过一半是在最近20年中迁来的,许多人都生活在拥挤简陋的房屋里。这里的大片土地是松软的沉积物,而这时科学家已经认识到了在这样的土壤上发生地震会特别严重。今村意识到如果一场大震在这种条件下发生将会造成怎样的破坏。他尤其担心地震可能引发的火灾,那将是无法扑灭的大火。到这时已经有两场特大地震袭击了人口

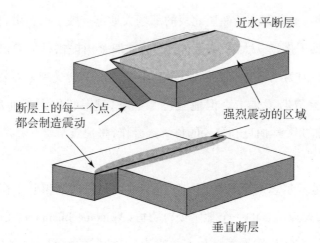

近水平断层

断层上的每一个点
都会制造震动

强烈震动的区域

垂直断层

垂直断层和近水平断层周围的地震对比。

稠密的大型城市,分别是1755年里斯本的8.7级地震和1906年旧金山的7.8级地震,两次都引起了风暴性大火,将城市整个摧毁。

今村知道这两场地震的历史,并在新东京市拥挤的木头房子里看到了发生另一场大火的可能。他撰写了一篇分析文章,评估这样一次地震和随之而起的大火将会产生怎样的破坏,文章于1906年刊登在一份并不怎么出名的期刊上,这时大火刚刚烧毁了旧金山。今村在文中估计,有10万到20万人将在这场地震中死亡。东京的一份流行大报报道了这一事件,并对其中最耸动的部分大肆鼓吹,在没有征得同意的情况下宣称"今村表示东京将被毁灭"。这引起了公众的恐慌,也使得时任东京大学地震学系主任的大森房吉大怒。他公开斥责了今村,并亲自撰文解释为什么东京在几百年内都不会迎来一场大地震。大森的公开羞辱激怒了今村,两人从此很少说话。

明治维新期间的科学教育使大众认识到地震是纯粹的物理学现象,而非神灵的显现,正如欧洲在18世纪末至19世纪自然哲学的发展引发过思想上的类似进化。但是在这两个文化中,民间传统和厌恶情绪都不是那么容易克服的。

1912年明治天皇逝世,他的儿子大正天皇登上菊花王座。大正天皇从小有身体和神经系统方面的严重疾病,出生后不久就得了脑膜炎。在位期间,他的健康持续恶化,1919年之后就不再公开露面了。到了1921年,他的儿子裕仁(Hirohito)被立为王储,开始履行父亲的职责。1923年8月,首相逝世,日本政府进入了一个更加动荡的时期。

在中国古籍《春秋繁露》中,董仲舒向汉武帝进言,说到了有些错误会导致阴气过盛,并引发地震。其中最常见的一种是皇帝即将死亡。在日本,由于千百年来都是将军代替天皇领导国家,天皇和首相都被看作阳气之源。一个孱弱的天皇和一个死去的首相似乎都正好是地震的诱因。

1923年9月1日上午11点58分,地震来了,从各个方面说,这场地震都动摇了日本社会的根基。一条位于东京和横滨下方的近水平断层开始移动。这个断层面约40英里(约64千米)宽、80英里(约129千米)长,它上方的岩石在颠簸中向南移动。不同于垂直断层上的地震,近水平断层区上的每一处地点都刚好位于地震**上方**。横滨位于断层顶端,东京就在边上。因此,这两座城市的全部400万人口都直接承受了地球所能产生的最强震动。

地震发生时,许多人刚好回家准备午饭,正在明火炉灶上烹调。地震震塌炉灶,引发火灾,一如今村明恒16年前预测的那样。当时今村正在他东京大学的办公室里。当他所处的建筑摇摇欲坠,屋顶瓦片倾泻而下时,他做了每一个地震学家在这种时候都会做的事:他掏出手表,记录了不同类型的震动到来的时间。事后的分析显示,当这条断层自西向东渐次开裂时,大地释放了大约40秒的能量。震波因为类似"回声"的效应来回反弹,使东京的震动延续得更久。而这时余震还没开始呢。在这样规模的大地震里,人们会觉得震动似乎永无休止。

在地震发生后没几分钟,东京和横滨就燃起了火灾。地震后的10分钟里又发生了几次大型余震,有的高达7级,这阻碍了市民们控制火情的努力。他们一开始还试着灭火,但是当大火蔓延开后,他们除了逃命之外别无选择。大批逃难的人群阻塞了街道。幸存者回忆当时的情景,都说自己一连被困了几个小时,根本无法动弹。一家高级妓院不让自家的姑娘们逃难,担心她们一走了之后再不回来,结果100多名女子被关在里面活活烧死。还有许多人为了躲开逼人的火势跳进隔田川里淹死了。另有4万多人逃到本州军服仓库的一片大型空地上避难。

熊熊大火创造了它自己的大气条件和风暴。从火焰中升起的炽热空气撞上方向紊乱的风,形成一种被称为"火龙卷"的火焰旋风,它将毁灭传播得更快、更远。东京各地都刮起了火龙卷。其中一条正好降到了本州军服仓库。在这里簇拥避难的4万人中只有2000人幸存。许多人被活活烧死,还有人在滚烫缺氧的空气中窒息而亡。

不知是谁用一句问话形容了这场灾难:"如果这里还不算地狱,哪里才是呢?"

最后的统计显示,大都市圈几乎被彻底摧毁。天皇一家逃过一劫,因为地震发生时他们都不在皇居。但是对其他所有的人,生活已经四分五裂。在横滨,有超过80%的建筑被毁。在东京,大约40万座房屋,其中包括60%市民的住宅,都夷为了平地。死亡者至少有14万人。

面对这样惨烈的灾害,传统的日本政府首脑本应是要亲自负责的。辞职,乃至切腹,都是可能的选项。董仲舒在其撰写的那部儒家原典中申明了皇帝应该如何在灾难之后下罪己诏并着手改正。1855年的安政地震同样破坏了东京,震后没有多久,匆匆印制的大幅"鲶绘"就开始在市面上流传,创作者不知何人。平民借其抨击政府,指责他们造成了地震,这种指责也是幕府垮台的原因之一。但1923年的这次地震,首相在地震发生一周前刚刚自然死亡。天皇也因为健康不佳,整整4年没有对公众露面了。政府内阳气衰弱是明摆着的,但这时已经没有领袖可以出来承担指责了。

这时的日本已经多多少少从以前那种绝对传统的观念中超脱了出来。整个国家正在迅速向着一个现代工业社会演化，许多公民都接受了科学教育。地震学仍然是一门高速进展的学问。于是关于地震就有了两种相互冲突的观点：一种认为地震是由阴阳两气的失调引起的，一种认为它是地质学因素造成的。社会中的不同人群，也可能因为教育和出身的不同，对地震做出了不同的反应。

地震前的8月24日，海军大将山本权兵卫（Yamamoto Gonnohyoe）被要求在他的前任逝世之后成立新政府，但当地震来袭时，这个政府仍在讨论之中。地震发生次日，即9月2日，山本权兵卫就奉命上任了。这时东京和横滨两城几乎彻底被毁，到处都是混乱局面，他和其他政府官员肯定都明白一场反政府起义随时都会爆发。

在遭遇损失和挫败（特别是这样惨烈的挫败）的时候，我们往往会将事情归咎于他人。我们对于自身的失误被曝光有着根深蒂固的厌恶之情，会想方设法避免这种情况发生。怪罪他人为我们的情绪提供了宣泄的出口。它还可能被坏人利用，成为将注意力从自己身上引开的诡计。

因为长期自绝于外部世界，在20世纪初期的日本，外国人可说是遭受了非人的待遇。在外国人中，朝鲜人和中国人与日本人接触最多，其中中国人还较有尊严，或许是因为中国的儒家和道家思想影响了日本文化。而朝鲜人在过去几百年来一直遭受日本海盗和正规日本水手的攻击，最后在1910年朝鲜被日本征服并沦为了殖民地。朝鲜工人被运到日本为其现代化做贡献，但他们却没有成为日本公民的途径。在日本，公民权是通过父系继承的，每一个孩子都被看成是天皇的后代。在这个体系中朝鲜人是没有位置的。

当群龙无首的政府艰难地应付首都的毁灭，大火也继续在城内蔓延时,无论政府还是公民都把矛头指向了居于少数的朝鲜人。地震之后不出几个小时,朝鲜人计划造反的谣言就流传开来,说他们纵火、在水井里投毒、强暴妇女、趁乱打劫。这些流言一直传到了北边500英里(约805千米)之外的岛屿北海道。

大量公民毫不犹豫地行动起来。人们组成所谓"自警团",把竹矛、木工器械、刀和碎玻璃作为简易武器,对自己的朝鲜邻居发动了袭击。9月2日,新上任的首相宣布戒严,并下令军队开进灾区。有幸存者说军人把朝鲜人从一辆驶离城市的火车上拽下,当场屠杀。至于警察,对于屠杀往少了说也是默许的;在某些场合,他们更是积极参与。他们将朝鲜人围捕、囚禁,还借口说那是"保护性逮捕",但其实许多朝鲜人被捕后就被自警团杀害,有几例还发生在警察局里。

有证据显示,政府在传播虚假信息方面也发挥了积极作用。日本内政部曾给地方分支机构发电报说朝鲜人正在纵火,并下令逮捕他们。不同地区的警察报告里都有朝鲜人作乱的说法:什么朝鲜人用炸弹纵火,朝鲜人往井里投毒,有3000名朝鲜人正在抢劫并摧毁横滨,他们下一步就要打进首都了,等等。

这场屠杀远远超出了激情自卫的目的。大量被害的朝鲜人遭受酷刑折磨。他们的尸体被发现时已惨遭肢解,被挖掉了眼睛和鼻子,身上有数千处撕裂伤,生殖器也被割去。目击者报告显示,这样的折磨常常是在被害人还活着的时候实施的。历史学家索尼娅·梁(Sonia Ryang)是成长于日本的韩国人,她写道,当时在一处地点,"暴徒把孩子们在父母面前一字排开,割断他们的喉咙,再把钉子敲进父母的手腕和脚踝,把他们钉在墙上折磨至死"。这些袭击具有献祭仪式的性质:只要折磨外来人,日本社会就能清洗掉那些造成地震的瑕疵了。

在政府层面,那些官员们或许也在潜意识中受到了其他恐惧的驱使。他们要么是忽略了今村明恒的提醒,要么是打破了阴阳两气的平衡,总之罪责很容易落到他们头上。在这种时候,朝鲜移民既可以充当替罪羊,又可以替他们转移民众的注意力。但话虽如此,我们并不知道掌权者是否曾为了转移人民的怒火而有意助长反朝袭击。毕竟"政府"本身也是由个人组成的,这些人同样失去了家园,目击了火灾,感受到了前途未卜的恐惧,并因为周围城市的毁灭而惊慌。在这种形势下,没有人可以做出最好、最理性的决策。

无论最初的动机如何,直到9月3日,警察事务部门才通知新闻机构:此前关于朝鲜人叛乱的报告并无根据。9月4日,警方发布通告说不必为了保护城市而袭击朝鲜人。到9月5日,生活在东京和横滨的2万名朝鲜人中已经有6000人遭到了折磨与杀害,史称"朝鲜人屠杀"。

归根结底,这场大屠杀以尤其暴力的形式体现了我们对随机性的拒斥,以及我们在遭受无法解释的打击时,需要寻找其他"替罪羊"的心理。而将罪责推给一个少数族群,或许体现了一个国家在变化的新世界面前的矛盾心理,也体现了人的本性。那时的日本,科学已经开始动摇关于自然灾害起因的主流理论,但它尚没有在传统的阴阳理论之外提供令人满意的新解释。正是这两种世界观之间的分歧导致了对于悲伤的否定和愤怒,又因为没有别的发泄出口,使得政府和公民都把群体中最脆弱的人们当作了加害对象。

◇ 第六章

# 当河堤垮塌

美国密西西比，1927年

---

残破的大堤教会我哭泣和呻吟。

——麦科伊（Kansas Joe McCoy）和米尼（Memphis Minnie）在1927年

洪水之后创作的歌词

密西西比河是美国的一条大河，它的规模极其宏伟，无论怎样描述也不为过。它的流域面积排名世界第三，覆盖了40%的美国总领土以及加拿大的两个省，收集着美国32个州的雨水和降雪。由它的干流和支流组成的输水网络将水分源源不绝地送入墨西哥湾。其"支流"密苏里河比干流漫长得多，但是获得"密西西比河"名号的却是更东边的那条支流，这是为了方便标志英国和西班牙的领土界线。

早在欧洲占领者为它命名之前，密西西比河就是北美原住民的食品储藏室和公路了。北美原住民从河水中收获鱼类和贝类，并在河两岸开展繁忙的商贸。当欧洲人到来时，他们更感兴趣的是这条大河的航运潜力。当法国探险者拉萨尔（Sieur de la Salle）*占领这条河流时，他看中的

---

\* 本名为 René-Robert Caveler（1643—1687）。——译者

密西西比河主要支流地图。

是它将法属墨西哥湾定居点与加拿大连通的潜力。但是法国的占领并不稳固，后来的路易斯安那购地案又将河流的控制权交到了美国手里。

这条长达数千英里的巨大水体向来是两岸人民的福祸之源。它是驱动美国中部农业和制造业繁荣的经济引擎。最早的木材和皮毛产品沿着河流运至新奥尔良，再向外出口到欧洲。大草原上产量丰富的大农场能养活一个国家和更多的人，也全仗有这套高效的运输系统将它们的产品运到城市。来自大河的水力还驱动了最早的生产工厂。密西西比河成了河两岸文化与生活的显著象征，它流过了马克·吐温（Mark Twain）和田纳西·威廉斯（Tennessee Williams）的书页，也流进了麦科伊、米尼、福斯特（Stephen Foster）和图森特（Allen Toussaint）的歌声。

但是，河流的泛滥也会周期性地收回它所赋予的经济馈赠。一部密西西比河的历史就是一部泛滥的历史。16世纪时,德拉维加(Inca Gar-cilaso de la Vega)写下了西班牙探险者德索托(Hernando de Soto)在1543年的经历,其中写到一片美洲原住民的居住地遭遇了一场为期40天的洪水,地点就在今天的孟菲斯市附近。19世纪的人们更是记载了一部关于洪水、大洪水和**特大**洪水的编年史。关于这条河流的歌曲,从卡什(John-ny Cash)的《五尺大水在上升》(Five Feet High and Rising)到巴顿(Charlie Patton)的《处处是大水》(High Water Everywhere),唱的都是密西西比河带来的失落和死亡。

因此,密西西比河沿岸欧洲人社区的成功,向来要依靠它两侧防洪堤的牢固。这些堤岸有天然的也有人工的,它们抵挡了这条大河的周期性泛滥,使得密西西比泛滥平原上的数百万居民能继续日常的生活。考虑到防洪堤对于这个区域生死攸关的作用,我们有必要研究一下它们是如何形成并发挥功能的。在那之前我们必须抛弃一个错觉,那就是有一条不可逾越的绝对界线存在于水和岸之间,存在于大河流动的区域和它不流的区域之间,甚至存在于一条河的液体形态和陆地的固体形态之间。

因为生活在岸上,我们倾向在水面以上的事物和淹没在河流、湖泊及海洋以下的事物之间划出一条生死线。但实际上,一条河流与它周围的陆地并无根本的不同。形成河岸的泥土和别处的泥土并不属于两种类型,河流下方的地壳也没有什么独特的地方。一条河流,只是地势比周围区域来得低罢了。水会跟着重力流向低处,因而地势较低的地方自然会有水体形成。这一点似乎显而易见不必多说,但这实际上又是一条被我们常常忽略的真相。密西西比河之所以在今天的河道中流淌,是因为它下方的土地比周围的几乎所有土地都要低。甚至在它的最后450英里(约724千米),其河床比海平面还**低**。[流近新奥尔良时,密西西比河的河床比海平面低了170英尺(约52米)。]但靠近河面的水流继续向低处流淌,同时靠摩擦力带动了下层河水。因此,河流在入海处非常湍急。

一条河流的水量会随着降水的多少而涨落，由于密西西比河为一片广袤的土地排水，它的水位取决于好几个不同地点的降雨和降雪情况。这条河流不应被看成是框定在两根遥远直线之间的一条水体，而几乎应被当作一个时而膨胀时而收缩的活物。地图上的那两根遥远直线标记的只是河流的收缩时期，是它在两场暴风雨之间的平静形态。一条河流的真实面目等同于能够容纳其泛滥的所有土地。

我们需要纠正的第二个的观念是，要明白一条河流不仅仅是水的汇集。流水中蕴含巨大的能量，能够裹挟许多物体一起前进。物体越小越轻，自然就越容易带动，而水流动的速度越快，能带动的东西就越多。密西西比河的绰号叫"大泥潭"，这一点绝非偶然。像所有河流一样，它在流淌时也会裹挟沙子和泥土的颗粒，带着它们一路沉浮进入海洋。当河水的流速放慢，它便会放下一些沉积物，那些较大较重的颗粒是最早沉积的。

将这两点知识结合，我们就明白为什么会形成天然的防洪堤了。当水在重力的牵引下进入一条河流，其中往往会携带大量的泥沙。雨水和融雪造成水位上升，使某个河段高出它前方的河水，居于高处的河水必须下落，这加快了流速，也卷入了更多的泥沙。当水位上升到漫过河岸时，河水继续向低处流淌，但这时河水不再仅仅是沿着河道流向海洋了，它还会向两旁漫灌，淹没周围的土地。它也不再是疾速向下，而是速度变缓，并使悬浮其中的泥沙颗粒沉淀下来。较大的颗粒在较靠近河道的地方先行沉淀，细小的颗粒则会沉淀到远离最初河床的地方。这样就会形成一道由较大的沙粒构成的天然防洪堤，它抬高了河岸，使河水不再容易泛滥。

但是正如几百年来的密西西比河泛滥史所显示的那样，未来永远有一波更大的洪水能够漫过自然的防洪堤（甚至是人工的防洪堤）。到那时，那些仰仗着自然的或人工的防洪堤在泛滥平原上种庄稼或造房子的人,那些满以为堤岸会永远挡住河水,至少会在他们居住期间挡住河水的人,就要面对一个令人震惊的事实了。另外,当洪水来袭时,它对一个地区或其中居民的打击是不平等的。

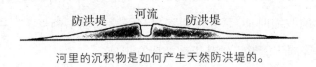

河里的沉积物是如何产生天然防洪堤的。

新奥尔良是欧洲人尝试在密西西比河边的泛滥平原上建立的第一个定居点。1718年,边维尔(Jean-Baptiste Le Moyne,Sieur de Bienville)首先在这里建设了14个街区,每一个都设了排水沟,这些街区中驻扎军队,负责控制进入密西西比河的船只。但是没过多久,这里的居民就见识了大河蕴藏的危险。不出一年工夫,洪水就迫使边维尔下令在河边建了第一道人工防洪堤,用压紧的泥土堆积了3英尺(约0.9米)高。在之后的200年里,洪水屡次进入城市,证明这条堤岸还不够用。更多的泥土被填了进去,再加上更坚固的材料,将堤岸越筑越高。定居点沿着河流向北扩张,堤岸也随之增长。到了19世纪中叶,人们为抵挡洪水建立的防洪堤已经超过了1000英里(约1609千米)长。

与此同时,工程学也已经成长为一门独立学科,它将物理定律和计算用在了关键结构的建造上。"工程"这个概念自金字塔时代起就是人类生活的一部分,但它正式成为一门学科主要还是作为一个军事分支。美国的第一批工程师是随着美国陆军工程兵团出现的,这个兵团成立于1802年,职责是在西点建立并运营一座军事学院。"土木工程"后来被定义为那些军事用途之外的建造活动。局限在大学内的土木工程学院都是19世纪创办的。这些新鲜出道的工程师来到密西西比河畔,决心驯服这条大河。

洪水是一种独一无二的自然灾害,要对付它,我们必须在遏止泛滥和其他基本的用水需求之间求得平衡。洪水是肯定要治理的,但也要为干旱的时候保存河水(在干旱的西部尤其如此),并用河水来运送货物。(相比之下,谁也不需要储存地震或岩浆在第二年夏天出售。)对于洪水这种最为普遍的灾害,我们的自我保护需求可能会与经济上的其他需求产生矛盾。

自19世纪中期开始,密西西比河上的工程师就在争论这些话题了,他们一方面想努力保全土地,另一方面也想使河流开放以满足航行需求。他们为了治水的方法和目标而争执,中间还夹杂了陆军工程兵团中掌权的军事工程师和新兴的土木工程师之间的对立。

历史学家巴里(John Barry)在他的著作《水位上涨》(*Rising Tide*)中记载了一场充满个人情绪的冲突,冲突的一方是西点军校工程师、后来任陆军总工程师的汉弗莱斯(Andrew Humphreys)将军,另一方是土木工程师伊兹(James Buchanan Eads)。伊兹把整个职业生涯都奉献给了密西西比河,他的最大心愿是改造这条大河使之更适合航运。汉弗莱斯似乎受到了复仇心理和地方主义的驱使,他坚持"只用防洪堤"的方针,还拉来整个陆军工程兵团为他撑腰,虽然他自己也在报告中写到了这样不切实际。他们的想法是筑起高高的人工防洪堤,将所有河水限定在河道**之内**,以此加速河水的流动。更快的水流能够携带更多沉积物,还会冲走已有的沉积物、清除沙洲。防洪堤挡住洪水,航道持续畅通。

伊兹对密西西比河的了解之深,很少有人能比得上。为执行一项营救任务,他曾经发明了一只潜水钟,并亲自在河床上行走了几年。他不相信建造防洪堤就能使河水冲掉堵塞航道的沉积物。他指出,这些堤岸都建在远离密西西比河主要流域的位置,只有在洪水来临时才能限制水流。他的想法是在密西西比河口附近建造突堤,使水流集中在反复出现沙洲的区域。伊兹的意见占到了一定的上风,但由于汉弗莱斯的反对,他不得不承诺如果这些突堤失效,那么建造的费用由他来承担,这才使它们造了起来。这两个男人都反对用建造水库和水坝的方法来减少洪水期间河里的水流。

到了19世纪晚期，国会想要结束这场争执，于是成立了一个密西西比委员会，其成员既有军方工程师也有土木工程师，目的是让科学来定夺此事。然而这个政治化的做法却引出了一个非常政治化的方案，结果在大多数细节上都犯了错误。这个方案否定了水库，但水库本可以在一开始就减少河里的水流；它也否定了泄洪道和出流，但它们本可以在发生洪灾时将河水引向别处。方案将全部鸡蛋都放在了防洪堤这一个篮子里。有那么一段时间，它也确实奏效了。

现在回想，当时的各方都应该留意马克·吐温的警告，他说："密西西比河总有它自己的脾气，什么工程技术也不能劝服它走别的路。"更快的水流可以冲走沉积物，这个想法的背后确有一个合理的理论模型。但在现实中，密西西比河是一个复杂的系统，一涉及细节这套推理就站不住了。首先，密西西比河很深，大部分河床位于海平面以下，因此它的水流并不均匀。上层水体被重力向下拉扯，但下层水体不是这样。另外，河水与河床之间的摩擦也进一步扭曲了水流。其次，河道的蜿蜒意味着河水在弯道外侧流速较快，在内侧流速较慢，这使得河床的一侧受到冲刷，另一侧则堆起了沉积物。在有些河段，水流会冲走一侧防洪堤下方的泥土，把它们的基础掏空，在极端情况下甚至会造成防洪堤垮塌。想想密西西比河平常的水流量之大，这些防洪堤能挺立这么久已经堪称奇迹了。

雨是在1926年8月开始下的。密集的雨水破坏了中西部偏北几个州的农作物，从印第安纳到堪萨斯，再到伊利诺伊，一直到内布拉斯加。洪水在城镇之间漫涌，溺死人群、冲毁管道、淹没农作物。降雨一直持续到往年比较干燥的十月，伊利诺伊和艾奥瓦两州都记录了规模前所未见的洪水。降水接着持续到了冬天。据美国气象局报告，密西西比河流域的三条大河，即俄亥俄河、密苏里河与密西西比河，全都在河水位标上记录到了史无前例的高水位。1926年圣诞节那天,大水冲进了田纳西州的查塔努加和纳什维尔,而这两座城市毗邻的是两条不同的河流。雨势毫不减弱。5场暴风雨袭击了密西西比河下游地区,每一场的规模都超过前一个10年中的任何一场暴风雨。到来年一月,匹兹堡和辛辛那提双双被淹。二月轮到了阿肯色州,怀特河和小雷德河堤岸垮塌,洪水将5000人赶出了家园。三月,暴风雨催生了龙卷风,在密西西比州造成了45人死亡。

终于,那些20世纪的工程师们建构的、作为防御工事的人造建筑,统统开始垮塌。春季是河水泛滥最危险的季节,融雪汇入降雨形成了一道道洪流。1927年春天,位于俄亥俄河及密苏里河汇流处下方的密西西比河下游水量大涨,使河水本身都似乎成了一道大坝。一波波洪峰移动得相当缓慢,就像马路上堵塞的车流。但这样反而给防洪堤施加了更大的压力。在密西西比河下游区域,受压的不仅包括陆军工程兵团建造的用来控制密西西比河及其较大支流的"主线"防洪堤,还有地方和州在较小的支流两边建造的防洪堤。

这些堤岸都受到各地的防洪堤理事会的监管。这类理事会由地方政府和州政府创立,往往有征税权,并负责当地防洪堤的养护。成立密西西比委员会的那部1879年法律认可了地方防洪堤理事会的地位,也规定了它们维护防洪体系的职责。于是当洪峰逼近时,各地的理事会也投入了战斗。

主线防洪堤都是一些庞大的建筑。它们高两三层楼,用夯土建造,与主河道的距离达到半英里(约0.8千米)或更远。它们都建成了3:1的斜坡,也就是说,一座最高30英尺(约9米)的防洪堤,两侧都要有长度90英尺(约27米)的斜坡支撑,它在最高点的宽度至少也要达到8英尺(约2.4米)。这些防洪堤因此都十分巨大,显得坚不可摧。

然而这些防洪堤仍面临着双重风险:一是河水的压力,二是附近人类的恶意。受到约束的河水对防洪堤施加了巨大压力,一个面临洪水风险的城镇,最好的防御手段就是破坏河流另一侧的防洪堤。因为只要对侧堤岸垮塌,这一侧承受的水压就会变小。在这个真实的囚徒困境之中,一个面临威胁并具备手段的社区,只要它足够绝望、足够无耻,就会通过淹没对岸的邻居来保证自己的安全。

于是防洪堤理事会组织了巡逻队,巡逻队的首要任务就是找到那些想通过淹没他人保全自己社区的破坏者,并阻止他们。巡逻队在沿河射杀了十几个人,其中或许有一部分是误杀,但也有几个人的身上确实带着炸药。至于那些垮塌的防洪堤,在洪水退去之后也很难判断它们究竟是不是人力破坏的了。

坐落于密西西比河尽头与墨西哥湾相遇之处,新奥尔良市见证了远方上游的一次次溃败,每一次都向这座城市的奠基者们展示了洪水的严重程度。1927年4月底,新奥尔良的防洪堤开始出现垮塌的迹象。这座城市资源充沛且目中无人,于是光明正大地炸掉了东边几英里圣贝尔纳县的防洪堤,造成圣贝尔纳县和普拉克明县的一万多名居民流离失所。(后来新奥尔良市提出集资15万美元补偿其破坏活动,相当于每位受害者不到20美元。他们最终赔付的金额达到数百万美元,但他们依然觉得,花这些钱把洪水挡在城市之外是笔合算的买卖。)

除了守护大堤,防止其被破坏外,防洪堤理事会的第二个责任是,发现天然的渗漏并加固薄弱的地点。做到这点需要付出千辛万苦,而那个年代还没有多少机械设备帮忙,运输泥土全靠人力。

就是在这件事上,1927年的洪水展示了它在自然灾害之外最残忍的面目。早在美国内战之前,密西西比河泛滥平原就以其肥沃的土壤成了南方棉花种植园的中心地带。一直到20世纪20年代,除了少数监工之外,这里的劳动力仍全是美国黑人,他们的工作环境十分恶劣,与蓄奴时代并无不同。这年冬天,路易斯安那州的几个农场主持枪绑架了一个黑人家庭,将他们带到密西西比州,并以20美元的价格卖给了当地人。被害人一家被强迫工作了几个礼拜,没有工资,还有人武装看守。那几个白人农场主最终受到起诉,但他们的恶劣行为很能说明问题。

每当需要人手加固防洪堤时,当局就会要求种植园主派黑人租户去堤上干活。如果这点人手还不够用,当局就会到街上去强征黑人,往往是持枪胁迫。当密西西比河水在这年冬末持续上涨,白人工头们提起枪械到防洪堤上巡逻,他们一边提防破坏者,一边监督岗位上的黑人劳工。

对外界,防洪堤理事会和陆军工程兵团始终坚称他们的建造能够挡住洪水。然而内部报告却显示他们知道真相并非如此。当时的美国气象局表示:"你不必有预知未来的能力,也不必有生动的想象力,就能够看出密西西比河下游会在来年春天发生一场大洪水。"

随着冬去春来,最危险的汛期到了,越来越多的人被征到防洪堤上劳作。到三月中旬,密西西比州国民警卫队也被调去驻防。在密西西比河的三条主要支流——怀特河、雷德河和圣弗朗西斯河,防洪堤上都出现了破裂。到四月初,超过100万英亩(约4047平方千米)的土地已被淹没在水下。

密西西比河下游的破防始于4月15日耶稣受难日的那场大暴雨。短短18个小时之内,在新奥尔良市就降下了15英寸(约38厘米)雨水,暴雨覆盖了整个密西西比河下游。工人们不断被派上防洪堤,堆积沙袋给堤岸增加高度。终于,4月16日,在密苏里州多雷纳一段1200英尺(约366米)长的主线防洪堤崩溃了,17.5万英亩(约708平方千米)土地被淹。之后的短短几天内又有多处防洪堤垮塌。

4月21日,密西西比州格林维尔附近的土冢岸发生了最坏的情况。随着河水的渗透,防洪堤开始震动起来。正在堤上劳动的黑人意识到即将溃堤,想要逃跑,但是工头用枪口将他们逼回了岗位。当溃堤最终发生时,他们中的许多人都被洪水卷走溺死。红十字会对黑人的伤亡无动于衷,只正式报告了两例死亡。

在《水位上涨》一书中,巴里援引了当时的报章文字。《孟菲斯商业诉求报》(*Memphis Commercial Appeal*)写道:"数以千计的工人正拼命堆高沙袋……这时防洪堤垮了。水流太快,将尸体冲走,再也无法找回。"《杰克森号角集录报》(*Jackson Clarion-Ledger*)写道:"昨夜难民从格林维尔逃难至杰克逊……他们宣称大水席卷乡里,使数百名在种植园工作的黑人丢掉了性命,他们对这数字毫不怀疑。"

土家岸防洪堤的垮塌造成了一处决口(指侵蚀在堤岸上形成的口子),造成密西西比河三角洲被淹。洪水在三角洲上泛滥的速度,相当于尼亚加拉瀑布流量的两倍。短短几天之内,100万英亩(约4047平方千米)土地就浸没在了10英尺(约3米)深的水下。许多人当场溺水而亡,但大部分人还是逃到了高地上。在许多地方,最高的地面就是防洪堤的顶部——也有防洪堤是没垮的。数千人拥挤着爬上了这一段段高地,每一段都只有8英尺(约2.4米)宽,四周大水茫茫,西边是密西西比河,东边是他们那被淹没的家园。

被淹没的农场构成了一片宽50英里(约80千米)、长100英里(约161千米)的泽国。这片区域原本生活着18万人,其中有近7万人最终住进了难民营。《新奥尔良时代花絮报》(*New Orleans Times-Picayune*)大声疾呼:"看在上帝的分上,派船来救我们!"船是来了,可是当地人灵魂中最丑陋的一面也暴露了。

密西西比河三角洲的大部分居民都是黑人,这时奴隶制已经废除几十年了,他们的生活环境却并没有多少好转。经过内战和重建,当地的白人通过佃农制和《吉姆·克劳法》(Jim Crow Laws)重新掌握了权威。黑人佃农无法投票也不能拥有土地,处境十分悲惨,种植园主成了他们的债主,仍然不把他们当人看待,而他们的低薪劳动对于种植园的经济又十分重要,使园主们用尽手段确保他们不会离开。

密西西比州格林维尔市就处在土家岸决口的直接路径上,当地的红十字会领袖威廉·亚历山大·珀西(William Alexander Percy)了解了防洪堤上的可怕局面。他恳请当地集结一切船只,平等地帮黑人和白人撤离。但他的父亲、参议员勒罗伊·珀西(LeRoy Percy)和其他白人领袖却否决了他的提议。当船队终于到来时,只有白人家庭被允许登船。黑人们被留在原地,没有干净的水,没有食物,只能毫无防护地暴露在连绵的降雨之中。

在华盛顿,总统柯立芝(Calvin Coolidge)一直在尽力使联邦政府同这个国家中部洪水泛滥的"地方事务"脱开干系。几个月来,他始终对地方上的求助不闻不问,直到土冢岸的危机即将压垮当地居民,他才开始关注此事。5位受灾州的州长呼吁由商务部部长胡佛(Herbert Hoover)来领导一项联邦特别救灾行动。

4月22日,也就是土冢岸溃堤的第二天,柯立芝召开内阁会议,批准了这个申请。一个半官方委员会成立了,成员包括5名内阁成员和美国红十字会的副会长。

胡佛最早进入公众视野,是因为他在第一次世界大战中的人道救援行动。他早年毕业于斯坦福大学,受过一流的地质学训练,后来他靠采矿发了财,尤其在澳大利亚和中国赚了大钱。第一次世界大战爆发时,他正作为采矿工程师和金融家在伦敦生活,当时有数千名美国人滞留欧洲,他们的旅行支票和其他金融资产大多已无法使用。见此,胡佛成立了美国人委员会,借钱给这些美国人并安排他们回家。自此他开始扩张救援事业,他在比利时领导了救灾委员会,为夹在大国军队之间的平民送去食物。当美国也加入战局,威尔逊(Wilson)总统要他领导美国食品管理局,这个部门在战争期间成功维持了美国的食品供应。后来,他的组织又为欧洲的数百万人提供了口粮。到战争结束时,他已经被誉为"伟大的人道主义者"。

这时的胡佛已经对赚钱失去了兴趣,他说他赚到的钱"很可能任何人都用不完了"。他因为战争期间的工作出了名,民主党和共和党都在热情招揽他。他在1920年选择替共和党参选总统,但竞选活动无果而终。他之前离开美国太久,没有一个足够强大的选民团体支持他当选。他转而支持哈定(Warren Harding),后者当选后酬赏他做了商务部部长。哈定死后柯立芝继任,胡佛继续在商务部工作。他通过媒体活动在公众前面频频亮相,但他谈论的都是些规范无线电频率或召开道路交通会议的话题,公众兴趣冷淡。1927年年初,大多报刊文章在推测明年可能的总统候选人时根本就没提他,即便提到也只说共和党建制派是如何的厌恶他。

领导1927年春天的救灾工作使得胡佛在管理、工程和人道主义救援方面的特长发扬光大。联邦应急管理署还要再过50年才会成立,到那时才会在紧急状况下发放资金。而在1927年,柯立芝总统断然拒绝动用联邦经费救灾。这也符合美国长久以来的观念:救灾应该是地方上的事,甚至是个人的事,联邦政府不宜用从大众手里收来的钱满足少数人的需求。早在1886年,时任总统的克利夫兰(Grover Cleveland)就曾否决一份拨款给得克萨斯农民帮他们渡过旱灾的法案,他说:"我在宪法里找不到这样挪用经费的依据,我也不认为联邦政府的权力和职责可以扩大到接济个人的困难,因为这与公众服务或公众利益并无关系……我们应该时刻重申一个教训:虽然人民支持政府,但政府不应接济人民。"

当时负责救灾的机构是美国红十字会。为表示对其重要性的认可,红十字会的名誉主席由美国总统担当。1926年,柯立芝总统称赞了红十字会的工作,说它的"援助免费发放……而且发得很有技巧,使受援助者感觉不到自己受了慈善的照顾,仍能保持自尊"。他还进一步强调:"美国人的正常状态和一切努力都力求达到的标准是,成为自立、自治、独立的人,这一点我们通常都可以做到。"他指出救灾经费只有一个合适的源头,那就是慈善捐款。

于是,就在土冢岸防洪堤垮塌后的一天,柯立芝总统号召国民给红十字会捐款。500万美元很快到账。由胡佛担任会长的粮食救济委员会成立了,那是一个半官方机构,红十字会将参与其协调工作。

但这时被淹没的土地已经超过2.6万平方英里(约6.7万平方千米),60多万人流离失所,所需的救灾工程超过美国历史上的任何一次。人们很快发现,这次水灾的规模,单靠平常的捐款很难应付。但即便如此,总统仍不愿意批准动用联邦经费,他甚至不愿召开国会讨论此事。为了筹措资金,胡佛施展了他在担任商务部部长时学会的与媒体交流的技能。他发起了几场活动,向北方居民介绍南方的痛苦。这一招奏效了。红十字会收到的捐款增加到了1600万美元以上。这对胡佛还产生了一个额外的好处:他成了全国关注的焦点,洪水救灾的英雄。

回到密西西比州的格林维尔,白人家庭被安置在淹没的商店和旅馆的二层,同时防洪堤上建起了一座"有色人种难民营",供受灾的黑人继续在堤上居住。难民营由白人武装国民警卫队员看守。他们要求1.3万个黑人难民在衣服上佩大号数字,以便追踪他们。这些黑人需要靠工作换取食物,堤岸上发生了好几起黑人因为要求休息而被殴打的事件。捐赠给华盛顿县全部5万灾民的物资运到了格林维尔,由黑人劳工卸货,但最终得到物资的却不是他们。将黑白种族分开意味着较好的物资和医疗都将分配给白人难民。有一个黑人因为尝试将食物带回营地而被射杀。

这类虐待真是令人毛骨悚然,但它们还远不是难民营里黑人难民的最差遭遇或者唯一遭遇。5月8日,面向黑人读者的最大报纸《芝加哥卫报》(Chicago Defender)刊文曝光了格林维尔难民营的真相,它形容"难民受到畜群一般的驱使,以阻止他们从苦役中逃脱"。《芝加哥论坛报》(Chicago Tribune)跟进报道,敦促红十字会出面解释。著名的进步人士纷纷呼吁胡佛调查并阻止虐待事件,其中包括主张妇女参选的社会工作者、诺贝尔和平奖得主珍妮·亚当斯(Jane Addams)。这场危机动摇了胡佛在媒体上精心塑造的形象。

胡佛的对策是委托亚拉巴马州黑人大学塔斯基吉学院的校长莫顿(Robert Moton)成立一个红十字会有色人种咨询委员会,以了解这次洪水的黑人受灾者是否在"治疗、生活条件、工作细节和灾害救济"方面受到了虐待。1927年6月14日,这个委员会向胡佛和红十字会呈交了调查报告草案,其中记载了发生在几个难民营中的暴行,尤其是格林维尔,在那里难民被迫充当实质上的奴工,并常常受到白人看守的殴打或强暴。草案证实,大部分外界捐赠的食品根本没有送到有色人种难民营里。不过在呈交报告时,莫顿也告诉胡佛可以"随你的心意修改或者添加"。

经胡佛改动后公布的报告确实淡化了所有重大问题。它只记载了一些较小的恶行,其余全是对美国红十字会帮助有色人种的赞扬。私下里,胡佛在发布报告的同时承诺,如果他能在来年当选美国总统,他一定会为黑人社区发起改革。他向莫顿保证他有很大机会可以进入白宫,并暗示会将破产农场主名下的种植园拆分,让黑人农民拥有腾出的土地。

莫顿看到了种族解放的机会,于是在1928年积极活动,支持胡佛出任总统。当时南部的黑人还无法在大选中投票,但他们仍可以在初选中施加重要影响,因为相对而言,参加共和党的南方人很少。在莫顿和塔斯基吉学院的帮助下,胡佛牢牢树立了自己的正面形象,这位快速应对美国历史上最严重自然灾害的"伟大人道主义者",先是在共和党内迅速获得了提名资格,接着又在总统选举中大获全胜。就像170年前里斯本的那位德卡瓦略,胡佛也因为有效地(或者表面有效地)指挥灾害应急而获得了丰厚的政治回报。

和德卡瓦略一样,胡佛还抓住这个机会推动了政治上和结构上的长效改良。当时的局面是,史无前例的数十万人失去了生活中的一切,政府管理的防洪堤未能阻挡洪水漫延,用于救灾的私人捐款也明显不足,这些因素制造的张力引发了一场关于联邦政府救灾责任的激烈辩论。赫斯特集团旗下的每一份报纸都刊出社论,要求国会采取行动。而在柯立芝总统拒绝这个要求之后,《纽约时报》则发文赞赏了他的克制。

尽管如此,民间仍强烈敦促为那些损失惨重的人们提供帮助。国会提出了一份高额援助法案,但柯立芝总统强烈反对。除了认为该法案超出联邦政府的权限之外,他还担心其中的许多内容会导致私相授受,使好处都落到富裕的南方地主手中,而不是真正需要帮助的平民。但争论的焦点还是联邦政府是否应在防控洪水中扮演更加广泛的角色。很明显,如果美国想在将来防止类似的洪水,它就必须采取一套非常不同且更加全面的做法。

胡佛利用这股民气开创了一个史上少有的土木工程项目,即1928年的《防洪法》(Flood Control Act)。这部法律给了国会议员表现自己正在行动的机会,也让保守分子能宣称他们没有提供个人救济。法律生效之后,联邦政府开始致力于在密西西比河上建立一套巨大的防洪系统。这一举埋葬了陆军工程兵团只造防洪堤的政策,人们开始兴建水库截流河水,并开辟泄洪道使河水在冲垮防洪堤之前改变方向。几个受灾州为1927年洪水出的钱算是对等资金,这样联邦政府就可以提供这项工程的全部资金,而不必担心以后也要遵循这个先例了。《防洪法》还免除了联邦政府在将来系统失灵时的责任。这部法律的失败之处在于没有支援受害者个人,其中的三分之二是黑人,他们的无数条合理诉求并未得到华盛顿的回应。

在这部《防洪法》实施后的一个世纪里,它始终指导着联邦政府在密西西比河谷开发中的行动和巨额投资,也左右着美国社会的前进方向。自此,密西西比河下游再也没有出现过1927年那样的泛滥。2011年的洪水在规模上接近1927年,但是对泄洪道的有效运用保住了防洪堤。《防洪法》还开创了用联邦经费修建地方基础设施提高社会整体利益的先例——这一理念在罗斯福(Franklin Delano Roosevelt)于新政期间颁布的法律中发挥了重大作用,田纳西河流域管理局和公共事业振兴署就是根据这批法律成立的。

罗斯福能够当选,部分也是这次大洪水的后果。有色人种咨询委员会的报告,就像其公布的洗白版本所说的那样,或许使黑人难民避免了更大的白人社群的虐待,但黑人社群可不是那么好糊弄的。从1927年春对难民营的报道开始,《芝加哥卫报》就持续挖掘,使读者不断关注此事。整个夏天,它都在刊登难民的口述,它所记录的难民处境简直就是奴隶制复辟。起初读者向时任商务部部长的胡佛请愿,这时的他们还以为是有色人种咨询委员会在无意间忽略了这些暴行。但随着时间的推移,他们开始明白是胡佛在故意无视暴行了。1927年10月,《芝加哥卫报》刊登了一位威利斯·琼斯(Willis Jones)太太的公开信,在读者中引起了很大反响。

> 在碰巧读到一份《芝加哥卫报》之前,我们一直不知道红十字会是应该帮助我们的。我们震惊地看到,一边是外界为我们筹集金钱和衣服,一边是我们的母亲和孩子还躺在稻草和裸露的地面上过夜。而我们得到的最不友善的回答,就是当我们向红十字会请求衣服和食品时听到的。

还有人撰写社论责难那些亲善白人的黑人,骂他们被重新奴役了还要向白人主子卑躬屈膝。美国有色人种协进会采取了比塔斯基吉学院更尖锐的立场,始终咬着这个问题不放。

尽管如此,胡佛仍在1928年大选中赢得了多数黑人的选票。毕竟**除了林肯的政党**,他们还能选谁呢?但分歧已经产生了。那年大选,胡佛丢掉了15%的黑人选票。这是头一次有共和党候选人未获得几乎全数的黑人选票。

大选之后的事实表明,和从前历次一样,这一次的候选人依然开了一张空头支票。莫顿的呼吁被无视了,在密西西比河三角洲重新分配土地的话再也没人提起。胡佛吃定了黑人不会背离共和党,他对自己在选举时承诺或暗示的每一件事都违了约。

胡佛低估了他的背叛会激起的愤慨。到1932年时,许多美国黑人已经认定罗斯福的平民主义大政府方案要优于他那个满口谎话的共和党对手。罗斯福虽然在这一年只赢下了三分之一的黑人选票,但是到1936年,他却一举赢得了黑人选票中的70%。从那以后,共和党候选人就再也没有获得过超过40%的黑人选票了。

自然灾害是对人类体系的破坏。人类体系既有其物理功能,通过下水道、电网、道路桥梁、水坝和防洪堤发挥作用;也有其社会功能,通过亲人朋友、教堂会堂、市议会和立法会发挥作用。这些体系都有弱点,一次极端的自然事件就会给它们造成压力。体系会在最薄弱的地方损坏失灵。在密西西比河,我们见到了防洪堤的严重垮塌,但更值得一提的,还是我们这个社会的崩坏。密西西比河大水暴露了美国社会秩序中的一个根本弱点,那就是对于非我族类者的贬低、非人化和侵害,尤其是对美国黑人。在一个能够纠错的社会里,最好的投资就是找到这类弱点并修复它们,防患于未然。能做到这一点,无论是否发生灾害,都能改善每一个人的生活。

1927年的这场密西西比河洪水过后,灾民所遭受的残忍与不公并非美国独有,关东大地震之后日本对朝鲜人的攻击已经有力地证明了这一点。人类历史的进化可以看作"人"这个概念的逐步扩展,我们最初只把同一部落的成员当人,然后将人的范围扩展到了一个民族,最后再将更大范围的同类都接受为人。你只要稍微分析一下这些事例,或者看看当今的新闻,就会知道我们还有很长的路要走。

灾难有时会激起我们内心最好的品质。当土冢岸的洪水刚刚漫延到格林维尔和三角洲时,那些没有提前逃难的人都爬到了树上或是残破建筑的房顶避难。最先驾船来营救他们的是那些酿私酒的人。他们许多都冒着暴露身份的危险,一连几天搜索和营救幸存者。4月20日水灾正盛时,阿肯色州的一段防洪堤垮塌并形成漩涡,造成一条汽船撞堤倾覆。这时一个名叫塔克(Sam Tucker)的黑人独自跳上一条小船,划到决口处救上了两个人。

当灾难引起的激荡平息后,我们面对满目疮痍,绝望就会四下弥漫。我们无法将自己的不幸归为随机事件,而是自问究竟做错了什么。我们的家没了,只能靠陌生人的好意活着,我们害怕自己已经破产,亲人或许也死了,这时我们就会将一腔怨气向外发泄,寻找可以怪罪的人。一场灾难可以改变个体的行为,使人偏离道德准则,变成暴民中的一员。我们必须牢牢记住:一场灾害的最大威胁就是人性的沦丧。

◇ 第七章

# 群星失谐

中国唐山，1976年

---

上下不和，则阴阳缪戾而妖孽生矣。此灾异所缘而起也。

——董仲舒，公元前150年

我第一次去北京是1979年2月，当时我的24岁生日才过去一周。我之所以会在那年冬天来到北京，是因为上面选中了我参加1949年中华人民共和国成立以来的第一次中美学术交流。我当时是麻省理工学院的一名地震学研究生，因为之前在台北待了两年，我的中文也很流利。我计划研究1975年的海城地震，那是一场7.3级地震，中国政府宣布成功地预测了它，并拯救了数千条生命。除此之外，我还有一个不太正式的目标，就是了解1976年唐山地震时发生了什么，这场地震没有被预测到，最后造成了数十万人死亡。真相到底是什么？地震真的可以预测吗？

地震学在日本诞生之后经历了漫长的发展。为了监测各国对1963年禁止核试验公约的遵守情况，美国创立了世界标准地震台网，一个由全世界120座地震台组成的系统。它的目的是确保我们可以监测到任何超过测试限额的地下核爆炸，这个限额为150千吨当量，相当于5.5级地震释放的能量。但这也意味着我们从此会记录到世界上每一处5.5级或更高的地震了。值得一提的是,这些数据并非机密。各个地震学系都可以购买记载完整数据的微缩胶卷。

这个系统改变了我们观察世界的方式。我们从此明白,地震是发生在地球上的一条条狭窄地带上的,我们也发现了这些地带和测深(水的深度)以及海床剩磁相关——这部分数据来自第二次世界大战期间海军的勘测。这些都是20世纪60年代掀起板块构造革命、颠覆地球科学的关键知识。我们由此得知,地球的最上层岩石圈分成了几个大的板块,全世界大约有12个大板块。这些板块以非常缓慢的速度移动着,每年才几英寸。世界上的大多数地震都发生在板块交界处,源于板块之间的摩擦。

中国却是一个例外。中国周围只有两道板块边界,一道在东边,是日本附近的俯冲带;另一道在南边,是印度次大陆向北插入亚洲大陆、推高喜马拉雅山的地方。然而中国本土却受到频繁地震的困扰,加上人口稠密,许多地震的杀伤力都是史上少有的。对照板块构造模型,中国是唯一不符合模型的地方。为什么中国有这么多地方会地震?它们的板块边界又在哪里?

1975年,有两个人在一篇开创性的论文中提出了初步答案,他们是年轻的美国地震学家彼得·莫尔纳(Peter Molnar)和法国地质学家保罗·塔波尼耶(Paul Tapponnier)。彼得当时是麻省理工学院的助理教授,保罗到麻省理工来做博士后,跟着彼得从事研究。在这篇论文中,他们指出印度板块北移不仅推高了喜马拉雅山,也将中国推离了原地,把它往东边挤压。就像举起一块沉重的岩石比举起一块较轻的岩石更加费力,当山脉变得更高时,要再将它们推高所需的能量也会越来越多。你必须克服重力,将更多的岩石推到更高处。在地球历史的某个时刻,喜马拉雅山已经隆起得很高了,要继续将它推高,投入的能量还不如将构成中国的土地向东推移。于是在中印交界的地方快速形成了长长的断层,它们将西藏这片土地向上且向东推动,并推着整个中国走向了日本海。这样引起的地震大多袭击中国西部,发生在西藏、新疆和青海所在的高原。但它们同样向东扩散到了华北地区。

我在这篇论文发表后不久遇见了彼得和保罗,当时我正在申请进入研究生院。彼得参加了一支研究团队调查1975年的海城地震,他急切地想知道那场地震是否真被预测到了,如果是真的又是怎么预测的。当他收到我给麻省理工学院发去的申请,又看到我有中文和物理学位时,他觉得机会来了。彼得告诉我,只要我接受麻省理工学院的录取通知,他就会尽一切办法送我去中国。我听后,立即撤销了对其他研究生院的申请。

当地震在1975年2月4日袭击海城时,中国仍深陷于"文化大革命"之中。1966年3月,就在"文革"酝酿之时,河北省邢台市发生了一连串地震。先是一场6.8级地震,继而是几场6级的,3周后又以一场7.2级地震收尾。据官方报道,这3场地震总共造成了8064人死亡,连大约200英里(约322千米)之外的北京也受了损失。周恩来总理前往震中区域,他敦促地球科学家研究地震预报,使中国在将来免遭伤亡。

对于地震预报这个似乎无从下手的问题,西方人一直缺乏真正的兴趣。加州理工学院的里克特(Charles Richter)博士曾说过一句名言:"预测地震的人不是骗子就是傻子。"然而杰出的中国地质学家李四光博士却另有想法,他曾经领导研究者勘探了中国的石油储量,很大程度上解决了中国能源独立的困难,他表示了对这个地震预报项目的支持,项目很快开展起来。

中国的历史学家和古典文学学者阅读了大量史料,编纂出了一份延绵近4000年的地震目录。这是一份无价的科研资源,它也是世界上最悠久的地震目录,是在中国历朝历代官员详细记载的基础上整理出来的结晶。

在研发预报项目时,中国科学家也遇到了和西方人一样的根本性难题:地震的过程似乎是完全随机的。根本就没有一个良好的理论模型可以支持他们的预测。这些科学家尝试了他们能够想到的一切方法。他们靠一张地震仪组成的网络来测量地震,并将测量结果记录在纸上天天阅读。他们还开发部署了其他仪器来测量地面的倾斜、地电(地下的电流)以及地下水成分和浊度的变化。

科学家们创立了一个数据收集项目,今天我们会称之为"公民科学"(citizen science)。他们要农民报告异常现象,尤其是地下水的变化,比如井水有没有升降、变浑或发出异味。他们也记录了动物的反常行为。科学家们还开办了另一个项目,教导人们认识地震及其自然成因。他们觉得,地震是因为政府内部阴阳失衡的迷信使中国人无法正确地看待这个问题。

这些项目正好遇上了一个地震活跃时期。1966年的邢台地震只是中国东北部一连串地震的开端。1967年的河间6.3级地震和1969年的渤海7.4级地震,都说明地震带正在朝中国东北三省(毗邻朝鲜)的方向移动。虽然大型地震多半不会这样扎堆,但历史上的地震集群,比如20世纪三四十年代出现在土耳其的那些,确实引发了进一步的破坏性地震,因此当中国的地震也连环发生时,科学家们不由紧张起来。

1971年,中国地震局成立了。北京开办了三家研究机构(分属地质学、地球物理学和生物学),各省也成立了自己的地震局。国家地震局每年召开会议,将北京的研究者和各省代表召集到一起讨论下一年应该关注哪些地区。

东北三省,尤其是辽宁省,始终是他们关注的对象,因为大型地震的迁徙是他们唯一确切掌握的现象,而东北三省又正好处在这条迁徙路线上。他们在辽宁安装了仪器,到1974年,官员们开始监测地倾斜和大地电流。他们果然找到了异常信号。比如,那年夏天,他们发现好几个地点的地面正向同一个方向剧烈倾斜。地震局年会上报告了作为关注焦点的这

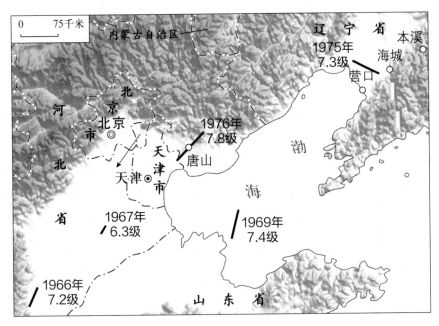

这张中国东北部的地图显示了 1966—1976 年造成显著地震的断层。

一现象。之后几年夏天也出现了同样的信号。当时，科学家既无背景数据又无必要的对照读数，他们后来才明白这种倾斜是抽取地下水灌溉造成的，并不能用来预测地震。

到 1974—1975 年的那个冬天，地震局的科学家们已经非常紧张了。他们收集了数据，但不知道该怎样对照分析，他们知道地震正在迁徙，却猜不出发生下一场地震的会是什么地方。到 1974 年 12 月，辽宁省本溪市附近发生了一串小型地震，最后在 12 月 22 日发展成了一场 5.2 级地震。这个级别的地震可不常见，它引起了很大的担忧。在之后的两周里，当地的地震局官员发布了几次地震预报，它们的位置各不相同，但大多集中在发生 5.2 级地震的地点周围。在有些地方，人们因为害怕房屋倒塌，一连几天睡在户外。当那一连串地震平息时，警报也解除了。每周的报告依旧源源不断，里面常提到动物的异常行为。但这些行为的高峰都出现在周六下午，而表扬工作人员发现此类异常的政治会议又恰好在周日上午召开,时间上未免太巧了一点。

1975年2月1日,又一串小型地震开始了。到2月4日早晨,海城附近已经在12个小时内发生了500多场地震,其中的一场4.7级地震造成了些许破坏,民间开始混乱起来。许多人不等政府的消息就自行开始撤离(1975年的中国还是个农业国家,连政府本身都要依赖一个缓慢的通信系统)。位于石硼峪村的监测站正在监测这些有可能是前震的活动,工作人员打电话给当地领导,说当晚可能有一场大规模主震。当地的电影放映员决定通宵放映露天电影,以说服人们留在户外。营口县的一名官员在地震准备中十分积极,呼吁居民正式撤离。

当7.3级的海城地震在2月4日终于来袭时,部分上述行动确实挽救了生命。营口县城有7.2万名居民,虽然县城三分之二的房屋倒塌,死亡者却只有21人。地震发生时石硼峪村正在放电影,所有去看电影的人都逃过了一劫。原本当地排练了一场音乐表演以欢迎一位到访的军队领导,但就在地震发生前的几分钟,他们取消表演,撤空了剧院。

但是这次撤离情况并不平均,省级毫无作为。和营口毗邻的海城县没有积极疏散,死的人就多了。最终的统计显示,在海城县每倒塌1000间房屋就有30人伤亡,而在营口这个数字只有11人。

然而科学家们知道,这次只是运气,因为他们观察到了大量前震。这是一次未必可以复制的成功。

一年后的1976年7月27日,一场7.8级地震击中唐山。这是一座150万人口的城市,主业是煤炭。唐山的几家煤矿雇佣了大量市民,对全中国的工业利益至关重要,它们因此一天运营3班,24小时从不间断。由于这个区域没有发现过大型断层,唐山的地震风险按理说是比较低的。城市建造时也根本没有考虑抗震问题。

但实际上,有一条断层就藏在市中心的下方。这并不是一条多大的断层,在地面上的迹象也不明显。况且当年建城的时候还没有任何地震学家来勘察过。在动荡的20世纪,中国没有时间和精力对国内的地震势能做全面系统的勘察,许多断层都未被发现。就像1923年的东京,位于城市正下方的断层意味着最强烈的震撼也恰好发生在建筑最密集的地方。

这座城市毫无防备。唐山的几乎所有住宅,不是旧的砖房就是廉价的多层公寓。雪上加霜的是,地震还发生在凌晨时分,除去那些在煤矿上夜班的工人,每一个人都在岌岌可危的家里睡觉。

我家的一个朋友就出生于唐山,但1976年时她在香港生活。她的一大家子,包括她母亲和5个兄弟,当时都在唐山。他们生活在10层楼高的新建公寓楼里。地震发生的前一天她母亲病了,因此去了同一幢楼一楼的医务室。疾病使她无法入睡,凌晨3点42分地震发生时她还醒着。她跑到门口想逃出去,但门卡住了,她从一扇窗户爬了出去。到了外面,她眼睁睁看着10层的大楼整个垮塌,几乎杀死了她全家人。当地震震塌楼房时,她的两个上小学的孙女被惊醒了,她们居住的7层楼公寓径直坠到了地面。瓦砾将她们困在床上,好在她们在学校里学过如何保护头部,又知道如何在尘埃落定之后创造呼吸的空间。她们摔断了几根骨头,在两天后被奇迹般地挖了出来。当天晚上,她们在唐山的其他家人全都死了。

要估算这场地震给唐山造成的全部损失是不可能的。在震后的前几个月里,有报告说市内的一半人口,合75万人,都死了。河北省革命委员会最初报告的人数是65.5万人。到了20世纪80年代早期,官方将死亡人数下调到了24.2万人。人们很可能永远无法知道真实的死亡人数了。当我在1979年访问中国时,这座城市仍没有对外国人开放,曾在那里工作的人告诉我说,整座城市只剩下两座建筑扛过了地震没有倒塌。

震后的唐山,楼房几乎全倒,死者不计其数,正常的生活已经不可能继续了。震后一连几天,幸存者都在艰难地挖掘其他幸存者。北京知道地震了——北京就在100英里(约161千米)开外,自己也受了损失。但此时的政府一片混乱。毛泽东已经生命垂危,运输和通信都中断了,几天后才调集起了救灾队伍。事实证明向灾民提供食物和水非常困难。灾民们刚刚捡回了一条命,但仍然要饿肚子。

有一群人的境况比其他人好,他们是上夜班的矿工。地震时矿井部分淹水,因为断层活动改变了地下水的流动模式。但是矿道都没有坍塌,也没有矿工死在里面。这乍一看似乎出人意料,但其实地震损坏矿道的现象是极少发生的。原因有两个。第一,地震时地下的震动幅度只有地面的一半。震波从地下传到地表时会反弹回来,这股反弹波同样会造成震动。因此在大地表面,震动的幅度是大地内部的两倍。第二,矿道的截面往往是圆形或椭圆形,这是非常稳定的形状。

大型余震持续摇撼着这个地区。拥有700多万人口的天津市距离唐山仅60英里(约97千米),遭受了极严重的破坏。天津市政府要求地震局派一名科学家去预测未来的余震。专家们知道这项任务在科学和政治上都很棘手,凡是有办法的人都想尽了办法不让自己中选。

最后中选的地震学家是地球物理研究所最年轻的一位研究员,她也是"文革"开始大学关闭之前最后从大学里招来的一个。我就叫她老张吧。老张每天每周向政府上交余震报告,她还要监测余震的衰减情况并预测未来的余震频率。最终,在主震过去将近一年之后,她告诉政府她觉得不会再发生6级或以上的地震了。但上面告诉她不能说"我觉得"如何如何。她必须明确表示会或不会。她选择了不会。当她在1979年对我说起这件事时,她说接下去的两年她始终生活在恐惧之中,生怕自己预测错误。

地震局的其他科学家对此事毫无避讳:他们没能预测唐山地震。这次地震没有先兆。在1976年年初的年度预报会上,中国科学家们曾经辩论海城地震是加大还是减小了这个地区再次发生大震的危险。一个地震迁徙模式会增加地震的风险,直至模式结束,但问题是你如何知道模式什么时候结束？最后，他们将东北列为了当年可能发生地震的区域之一，但他们没有标出一个最可能的地点。

与我共事的一位地质学家(他放弃了中生代构造转攻地震研究)告诉了我一个关于唐山的故事。他说，就在那次地震之前，河北省地震局接到了一份报告，说唐山附近有几口水井表现异常。它们出现了自流现象，即地下水位不断上涨，直到如泉水一般从井里涌出。自流可能因为好几种原因自然发生，未必是地震。但当时地震局有两位科学家本来就要出差经过唐山，于是上面吩咐他们顺路去调查一下。两人在深夜抵达唐山，他们找了一家招待所睡觉，准备第二天去调查此事。那天夜里地震震塌了招待所，两人双双遇难。我又问他，在没有地震的时候，水井自流的报告多不多见？他说那是常有的事。

一直到地震过去两个月，政界和科学界才算真正行动了起来。对于再来一场地震的恐慌席卷了全国。半数省份的地震局都发布了地震预报，就像之前在海城一样，有更多人自行决定待在户外。我的同事们说，在1976年8月，在外头睡觉的人可能有5亿之多。8月16日，四川的山区发生了一场7.2级地震，这个中国最大的省份有近1亿人口，地震发生时大部分人已经搬到了室外。对那些生活在震中区域的一小部分四川人看来，这一举动或许救了他们的命。但是这场地震激起了更大的恐惧和忐忑。

1979年我在北京时，整个北京只有35名外国人，我是第一个科学家。我并不能完全自由地与中国人交谈，但是在许多场合，比如在居民区、饭店和出租车里，当地人还是会和我谈论我地震学家的工作。

从中国回来时，我对地震预报已经有了新的认识。我完成了一项对于海城前震的物理学研究，指出这些前震其实延缓了主震的发生。(这使我们想到了或许可以寻找一个判别前震的因素,由此将前震和其他地震区分开来,但我们始终没有找到。)我还明白了一点:地震预报的本质不是一个科学问题。至少不**仅仅**是个科学问题。

当我在讨论灾害发生时间的天然随机性时,我要声明一个显著的例外,那就是一场地震引发另一场地震的时间。100多年前,大森房吉首次对这个问题做了定量研究。但我们发现,地球自身并没有明确定义一次余震应该是什么样的。绝大多数情况是余震的规模小于主震。但是概率分布有其极端情况,有5%的时候,余震反而比主震要大。同样地,虽然大多数余震都在时间和空间上接近主震,但有时我们也会看见漫长的地震集群,其中包含许多大型地震,就像中国东北部的那些。

当年我去北京的时候,这些观点还没有完全成形。对于地震预报,中国科学家知道的并不比我们多。在中国农村,低下的建筑质量提高了预报地震的效益,农耕经济也降低了错误预报的成本,这时猜测就有其价值了。而在美国,死于地震的人数远不及死于交通事故的人数,疏散人群也将产生无法承受的经济成本,而且因为有自由媒体浓缩民意,错误预报还会产生巨大的政治影响。因此同样的信息发布是无法付诸实践的。

在之后10年的职业生涯中,我尝试对一场地震引发另一场地震的概率开展了定量研究。我当时认为,只要我们尽责地收集分析地震学信息,并将其转化成概率,我们就可以把这个概率交给政策制定者和应急管理者,再由他们结合社会、政治和文化方面的考量,决定应该采取什么行动。现在我知道这个想法太天真了,谁也不可能仅凭概率就做出决策。25年之后,我更加有效地利用了这个教训。

◇ 第八章

# 漫无边际的灾难

印度洋，2004 年

每个人都是一道新的门户，打开后通向别的世界。

——瓜尔（John Guare），《六度分隔》（*Six Degrees of Separation*）

科学研究中最重要的原则之一，是承认最容易受骗的人就是你自己。人类的所有成员都会产生证真偏差，科学家也不例外，我们对那些支持我们既有信念的信息比较宽容，对抵触我们信念的信息就比较苛刻了。科研的流程，特别是同行评议，就是为了帮助研究者认识到我们在何时没有清晰地考察数据。在同行评议时，我们将自己的研究，也就是我们在智力上的后代、我们努力工作的宝贵成果，交到一位同行，甚至一个竞争者手里，任他条分缕析，寻找漏洞，并告诉我们哪里做错了。这在感情上是很难接受的，乃至许多新科博士就此决心换一门职业，不再从事科研了。这个过程就是有这样的负面影响，但是若没有了这个过程，我们就无法找到无可否认的真相。

因为自己的研究常常被批驳得体无完肤，科学家们养成了一种习性：他们在表达意见时会非常谨慎。我们每次摆出结论之前，都必会罗列所有来龙去脉，并对实验做完整描述。我们避免使用模糊的修饰语。如果我说"这是一场**大**地震",就会有同行来告诉我,实际上,这并不比另一场地震来得大。或者它只有在忽略场地放大效应或不考虑古地震记录的前提下,才可以称得上"大"。又或者如此这般……总之,我们只有精确定义了"大"的意思,才可以断言一场地震是大还是小。

每次发生灾难都会有人问科学家:"这次算是大灾吗?"(实际上,类似的所谓"大灾"似乎只是问题的一部分。)要回答这个问题,要对不同的灾难做出分析比较,我们就必须有一种可以量化灾难的方法。因此在每个领域,科学家都提出了一套对事件的相对规模进行分类的标准,每套标准都建立在某些可以测量且没有歧义的量上。比如用最大风速来分类飓风和龙卷风,飓风用萨菲尔-辛普森等级(Saffir-Simpson scale),龙卷风用藤田级数(Fujita scale)。火山有火山爆发指数(Volcanic Explosivity Index,简称VEI),根据火山喷出物质的多少、高度及持续时间的长短来定义。(这是一个由0—8的指数。公元79年的维苏威火山喷发为5级,1783年的拉基火山喷发为6级。)在各种自然灾害中,洪水是唯一以发生概率来分类的一种。比如"百年一遇"的洪水是某一年有1%发生概率的洪水。对于地震,地震学家们发明了震级,它代表的是一次地震中总共释放的能量。

这些量级每一个都代表了一类物理测量。有了它们,科学家就可以向同行交代,或者将复杂的现象化归为一个简单的数字向公众解释了。然而这些数字没有一个可以体现个人遭受的损失。毁灭是很难量化的,恐惧也无法度量。科学家喜欢生活在界定清晰、可以量化的物理世界里,普通人则未必如此。

这些物理测量并没有**错**。它们做到了应该做的事——定义世界上发生的物理事件。问题出在有人提问"这次算是大灾吗"的时候。提问的是普通人,问的是对普通人的影响,回答的是科学家,答的是物理学效应,两者是有分歧的。

不过有的时候,物理学和普通人之间也会同步。这时的大灾就是真的**大灾**了。

2004年12月26日击中印度尼西亚苏门答腊西岸的9.1级地震加海啸就是这样一场大灾。它的物理规模前所未见。地震中活动的断层长逾900英里（约1448千米）——这是人类见过的最长的地震破裂。[1906年夷平旧金山的地震，断层长度为275英里（约443千米）。]整条断层的开裂足足持续了9分钟。

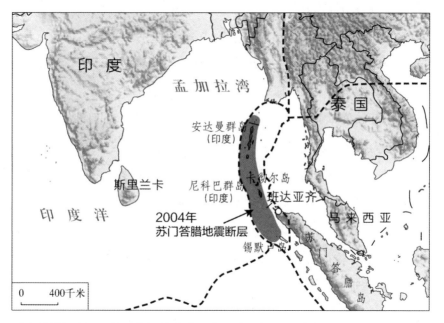

图中阴影部分显示的是苏门答腊地震中活动的断层面，它长900英里（约1448千米），宽近100英里（约161千米）。

这场地震发生在一条名为"巽他弧"的俯冲带上。用纯粹的物理学语言来说，世界上最大的那些地震都是俯冲带造成的。我们已经看到，一场地震的规模取决于板块滑移的距离，还有引起地震的断层的长度。但实际的地震比这还要复杂一些。一个板块的厚度可以达到50英里（约80千米）。板块最深的部分温度极高，并不能靠摩擦力来固定，在那里岩石变得柔软，可以变形，它们受力的时候不会断裂，而是会像太妃糖一般拉长。只有在较浅的地方,即离开地面10—15英里(约16—24千米)的深度,摩擦力才会使板块的交界处固定不动。在这里岩石受力弯曲,储存弹性势能。当板块克服摩擦力,两个板块之间忽然相对滑动时,我们就观测到了一次地震。这时的震级主要由三个因素确定:板块滑移的距离、断层的长度和摩擦力固定板块的深度。1906年的旧金山地震深度较浅,仅8英里(约13千米)。但它的断层长近300英里(约483千米),板块的滑移也很剧烈,三者叠加,就引发了一场7.8级的地震。

我们也见识过了俯冲带上发生的地震,就是一个板块挤进另一个板块的下方,好比在汽车追尾事故中,一辆卡车骑上了另一辆小轿车的车顶。这些板块往往彼此形成一个很浅的倾角,只有5—20度。被挤到下方的岩石温度较低,因为它们不久之前还在地表附近。温度低意味着它们更容易产生摩擦。这就形成了一条**更宽的**断层。

要理解这个意思,请想象两条断层,它们的长度都是200英里(约322千米),一条垂直,一条近水平。那条垂直断层只在最上面的10英里(约16千米)发生地震。所以断层的**面积**可以说是2000平方英里(约5180平方千米)。而在俯冲带上,一条近水平断层可以在其最上面的20英里(约32千米)发生地震(因为俯冲到下方的岩石仍然较冷,延展性不够)。还因为有一个10度的倾角,使这段20英里(约32千米)的深度上有了一条115英里(约185千米)宽的断层。因此,这条200英里(约322千米)长的断层,其断层面积就达到了23 000平方英里(约6万平方千米)。它的长度与垂直断层相等,面积却比垂直断层大了10倍以上。再加上俯冲带地震往往有更大的滑移距离,结果就是一场大得多的地震。

只有最大的俯冲带地震才会形成横跨大洋的海啸。一场8级地震激起的海啸足以摧毁当地,但它动员的海水还无法形成跨过洋盆的巨浪。但如果你听说有一场震级达到8.5或更大的地震,你就基本可以断定它是发生在俯冲带上,而且紧接着就会发生海啸了。

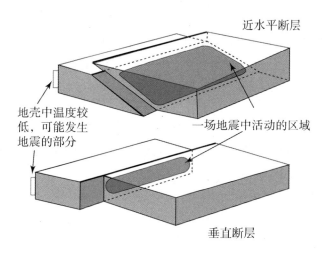

地壳的加热决定了地震的宽度。

一场海啸是一股由多个波峰和波谷构成的水波。但你不能把它想成一道巨大的海浪，而是要把它想成一块石头扔进一个水池后激起的涟漪。海床震动之后向外发散出一连串上下波动。具体有多少个波峰波谷，它们的相对尺寸多大，彼此间距离多少，都取决于海床的形状，更取决于受水波冲击的海岸线的形状。如果是波谷先击中岸线，那么海啸来临的第一个迹象就不是海水上升，而是海水下降了。

如果一场海啸有20英尺（约6米）高，那么任何低于海平面上方20英尺的东西都会没入水下。但如果海边竖着一道30英尺（约9米）高的悬崖，那么海啸就不会淹没陆地。如果这时正赶上涨潮，海平面比平时高出了2英尺（约0.6米），那么海啸也会随之增高2英尺，淹没任何不到22英尺（约6.7米）高的东西。海啸的破坏往往不是因为淹没，而是因为激流的冲撞。海啸发生时，海浪会先以喷气机的速度在海上飞驰，当接近岸边海床变浅时，它会降到一辆小轿车的速度。但是以时速20英里（约32千米）时速移动的大量海水仍会携带一股不可思议的能量，将任何没有固定好的东西冲走。汽车和人会被轻易卷走。不牢靠的建筑会被掀翻。即使坚固的建筑也会被冲垮四壁，只剩下一副框架。我看过几张照片，拍的是海啸后一栋坚固楼房中的一套公寓，里面的家具只剩了一台冰箱，它因为太重没被冲走，但表面已经盖满了海草。

苏门答腊地震是有记录以来的第三大地震。地震中滑移的断层是我们见过最长的一条。它排出的水量在历史记录中名列第三，激起的巨浪也是我们在印度洋中见过最大的。这次事件释放的能量比人类引爆的最大氢弹多1000倍。它对人类造成冲击也同样巨大。

2004年的印尼地震有9.1级，虽然动荡剧烈，但它危害的人数却没有这个级数看上去那么多。那条断层大部分位于海床，只经过了几座人烟稀少的岛屿。地震在上午8点不到开始，前一天就是圣诞节。亚齐省位于苏门答腊岛北端，也位于地震破裂的南端，因为靠近断层，它遭受了巨大破坏。省内包括省首府班达亚齐的许多房屋都在地震中严重受损。主震结束后海啸接踵而至，而此时余震仍在继续。在亚齐省西岸，海浪冲到了50—100英尺（约15—30米）高。死亡的人数无法确定，因为许多人都被海浪卷走了，遗体至今没有找到。我们只知道印尼的总死亡和失踪人数超过了20万，是其他任何国家的3倍，且大部分遇难者都来自亚齐省。班达亚齐是一座人口接近30万的城市，城内大部分建筑的底楼都被淹没了，死亡人数占总人口的10%。拥有10万人口的鲁佩（Leupeung）市同样位于亚齐省西岸，它被海啸完全淹没，只有几百人幸存了下来。

位于亚齐省西部和北部的几个小岛坐落在俯冲带上，它们都在地震中受到剧烈震撼，紧接着又被海啸冲击。因为海床的形状和海岸线的轮廓，有些岛屿遭受了比其他岛屿大得多的浪潮。最北的一座岛屿只有5—10英尺（约1.5—3米）的海浪，而尼科巴群岛中的卡彻尔岛却迎来了浪高35英尺（约11米）的海啸，造成了岛上90%的居民死亡。对于卡彻尔岛上的土著部落，那些部落领袖、生活方式和部落文化荡然无存。而在另一个岛锡默卢岛上，因为对1907年的一场海啸记忆犹新，岛民们一待地震结束就逃到了高地上，只有很少人死亡。

在印尼之后遭受海啸的，是位于断层以西1000英里（约1609千米）的斯里兰卡。地震会制造许多不同频率的波，和声音一样，低频波也比高频波传得更远（同样的道理，当你聆听远处的音乐时，你或许能听见低频的鼓点，但听不见高频的旋律）。因此，在附近发生的地震会使你感到一种高频率的抽搐式震动，而远处的地震常会让你感到缓慢的起伏，斯里兰卡的一些人就报告了这种感觉。大约90分钟之后，海啸抵达孟加拉湾。海啸包围了斯里兰卡这个岛国，13—40英尺（约4—12米）的浪潮袭击了它的每一条海岸线。许多城镇靠近海岸，它们的木质房屋被轻易冲走，死亡人数超过了4万。

海啸产生的最强波动是垂直于断层的。这次苏门答腊地震的断层大致是南北走向，因此受灾最重的是位于断层西边的斯里兰卡，还有东边的泰国。泰国西海岸是全世界游客热衷的海滩胜地，当地的酒店住满了度圣诞假的人。当海啸在地震后两小时到达时，其高度只比袭击印尼的巨浪略逊一筹，在有的地方达到了64英尺（约19.5米）。

海啸继续在印度洋上势不可挡地推进，在印度、马来西亚、马尔代夫和缅甸夺走性命。它一直席卷到了非洲东岸，在也门、塞舌尔、南非和肯尼亚均造成了死亡。潮水还涌入了大西洋和太平洋，一连几天，美国海洋与大气管理局的监测设备都记录到了海水的持续活动。这次海啸总共袭击了13个国家，并在另外5个国家造成了基础设施和房屋的破坏。还有47个国家的公民在当地旅游时遇难，许多人都是去泰国度假的。从这方面看，这次苏门答腊海啸已经不仅仅是一次造成惨重人口损失的大规模物理事件，它还是第一次真正的全球性灾难。

1977年，克里·西（Kerry Sieh）在斯坦福大学拿到了地质学的博士学位,他的博士论文极富创意,以至于加州理工学院立刻聘他做了教授。最终,他的研究开辟了一个全新的领域叫"古地震学"。这成绩对一个26岁的年轻人来说真是相当不赖了。在他之前,地质学家研究断层的方法一直是查看在地震中移动的岩石的特征和层次,还有评估地面因为地震而发生的变化(称为"地貌学")。克里的创见在于他认识到地震还会留下许多别的信息,它们就记录在断层表面,我们要做的就是钻进去查看。他因此想到了沿断层挖一条壕沟,然后一寸寸地绘出被断层移动的特征。他将一处沼泽作为了研究场所,在那里泥土沉入静水,很快形成新的地层。这些地层的年代可以通过测量有机质中的碳–14来测定。当圣安德烈斯断层在一次地震中移动时,它会切割所有地层,而在地震结束之后,新的地层又会叠加到老地层的上方。只要绘出哪些地层被断层切割(或者哪些没被切割),克里就可以归纳出一部地震的历史了——而造就这部历史的那条断层,在我们的史料中只移动了一次。

从这一点出发,克里和他的学生持续地开拓这个领域,后来学生又有了学生,继续挖掘加州各地和别处的断层。这项工作向我们表明:平均每过一两百年,圣安德烈斯断层就会整个移动并引发一场大震。这条信息单凭史料是不可能收集到的。

但俯冲带却对这种方法提出了一个独特的问题:它们的断层位于近海,它们的过去隐藏在水下。我们可以根据印度洋板块的快速运动判断,巽他弧的地震一定相当常见,但这个地区的书面史料才不到100年。锡默卢岛的老人对1907年的那场地震记忆犹新,因此才带领部落逃过了一劫,但这已经是他们历史记录的极限,也是我们历史记录的极限了。好在克里又想出了一个法子。

巽他弧上生长着滨珊瑚,它们在阳光下欣欣向荣——至少在适度的阳光下是如此。滨珊瑚在生长中每年都会添加年轮,一直长到水面下方才停止。在那之后,它们就开始侧向生长。如果海床向上升起并将它们顶出水面,那么露出水面的部分就会死亡。而如果海床下沉,它们就会继续向上生长,直到再次接近水面。

在俯冲带上,板块运动会将一个板块压在下面,使板块上的珊瑚可以充分向上生长。但如果地震中发生了板块滑移,被压住的板块就会突然抬升,将上面的珊瑚也举出海面,造成海上的那部分珊瑚死亡。这个现象可不可以用来追溯俯冲断层的地震史呢?

2004年年初,克里和他的一个学生丹尼·纳塔维查亚(Danny Natawi-djaja)发表了一篇重要论文,列出了巽他弧在1797—1833年发生的大地震。这意味着我们现在除了知道1907年的那场地震之外,还知道了在过去250年中有过3场地震。我们因此可以较为自信地断言,这个地区的地震是相当频繁的,大约每100年就会发生一次。也就是说,在不久的将来还会有一场地震,它很可能发生在目前仍在世的人的一生之中。

在2004年的海啸中露出水面死亡的珊瑚。照片来自加州理工大学构造地质学观测站的加莱茨卡(John Galetzka)。

丹尼是印度尼西亚人,他在2004年夏天返回印尼,去完成博士学位所需的最后一轮实地研究。他和克里都清楚海啸的风险,也知道这个国家的防范是多么疏忽,他们制作了一批海报,说明了海啸是什么以及为何大地震后离开海边可以挽救生命。这些海报用英语(为游客准备的)、印尼语和当地的明打威语写成,并在2004年夏天分发到研究场所的各处张贴,当时离苏门答腊地震只有几个月了。我们很难对没有发生的损失做量化研究,但当地肯定有人因为丹尼和克里的努力逃过了海啸。能把自己的研究成果看得这么清楚,做到这一点的科学家为数廖廖。

不过,这又引出了一个更大的问题:既然一张警示布告就能轻易挽救性命,那为什么又死了这么多人呢? 2004年地震发生后15分钟我就收到了一封电邮,告诉我苏门答腊岛北端海外刚刚发生了一场8.8级(估计)地震。每当世界某处发生5级或以上的地震时我都会收到这样一封电邮——只要愿意,任何人都可以收到,这是美国地质勘探局在地震项目的网站上提供的服务。当时我几乎立刻知道,印度洋上很可能要掀起一场致命的海啸了。我坐在加州家中的那棵圣诞树前,明知道一场劫难即将发生,却什么也做不了。

向危险中的人们发出大规模警示是可能的,但这需要基础设施:你需要有设备来记录一次地震,需要有人来运营一个警示中心,还需要有手段向身处危险的人们发出警示,并且知会他们的政府。1946年,阿拉斯加的一场地震掀起海啸,在夏威夷造成150人死亡,这促使美国政府在1949年成立了太平洋海啸预警中心。到1960年,致命的智利地震掀起海啸,造成夏威夷的数十人以及日本的数百人死亡,此后预警中心扩展成了一个国际机构,开始向整个太平洋盆地发送预警。当2004年发生苏门答腊地震时,太平洋海啸预警中心发表声明说太平洋盆地没有海啸风险——这话本身没错。但这也体现了太平洋海啸预警中心的局限:它只为太平洋西岸发送预警。

上一次记录到这样大规模的地震还是40年前,那是1964年的阿拉斯加地震。但当时的技术还无法确定那些巨型地震的真实规模。直到20世纪80年代和90年代出现数字记录和加工技术,我们才看清了地球上最大的那些地震中蕴含的巨大能量。2004年时,太平洋海啸预警中心使用的仍是较老的技术,因此一开始他们就低估了这场地震的规模。大约一小时后他们意识到这次地震超过了预期,但他们并没有现成的渠道知会受灾国家的政府。即便知会了政府,那些国家也没有将警示传达给岸边人民的机制。假如数据的传播更加通畅,有多少人本可以幸免于难?这一点科学家已经很难估算了。

幸好在那之后有了进步。我们在19世纪60年代加州洪水的例子中看到,人往往会淡化那些在集体记忆中褪色的威胁。这个习性的另一面是对那些记忆犹新的灾难做出强烈反应。人们看到了苏门答腊地震造成的巨大损失,并得知用技术手段本可以预防死亡,于是迅速行动了起来。海啸发生后不到两周,就有人建议启动一个印度洋预警系统,并替换掉部分老旧过时的技术。眼下预警系统已经启用,它由联合国牵头,使用了来自澳大利亚、印尼和印度的数据系统。原有的太平洋预警系统也改用了更加现代的技术来估算海啸规模,让未来的世界在灾害面前不再脆弱。

我们大多数人都听过"六度分隔"理论。这个理论认为,地球上的任何一个人,都可以通过一根不超过5个人的熟人链条,与另一个人连接到一起。要我猜的话,世界上的任何一个人,和苏门答腊海啸的一名遇难者之间的联系应该也不大会超过3个环节。(我的兄弟就有一个同事当时去泰国过圣诞节,从此没有回来。洛杉矶有一个庞大的斯里兰卡人社区,我确信我认识的某个斯里兰卡人也认识某个遇难的同胞。)

有57个国家在这场灾难中失去了公民,几乎占到全世界国家的三分之一。有些国家在这场海啸中失去的公民比国内的灾难还多。比如在苏门答腊海啸中遇难的瑞典人就超过了1709年之后瑞典历史上的任何一场灾难,那一年在瑞典发生了一场战役,死伤惨重。全球化和航空旅行的便利已经彻底改变了世界。这是全世界第一次有这么多人分担了一场自然灾害的损失。

电信领域的进步也极大深化了这次灾害的冲击。灾区的照片迅速传遍全球,比海啸本身的速度都快。在电视和电脑上,我们看见了房屋夷平、潮水汹涌的画面,我们看见大船被抛到岸上,仿佛只是玩具。接着,当你邻居的表哥或是孩子老师的外甥再也没有从假期中归来,这就不仅仅是远方的一条新闻了,它成了一直延伸到你生活中的恐怖事件。

这种对于地球另一侧灾难的清晰认识正在改变我们看待灾难的态度。我们以往之所以不会立即行动应对人类的劫难,是因为我们不确定某个事件会在**什么时候**发生。如果有一种风险在任何一个年份发生的概率都比较低,我们自然会优先考虑那些更加紧迫的事项。从定义上说,能够摧毁一个社会的大灾大难本来就很罕见。一年一遇或十年一遇的洪水会成为城市规划的考虑因素,地震活跃地区也会采用防御一般地震的建筑法规。但是大多数这类较为频繁的自然灾害都处在一条连续体上,它的尽头是一场极其罕见却也极其严重的灾难。

一个非常罕见的局部事件,如果换成全球的眼光来看就常见得多了。加州每过一两百年才发生一场8级地震,但其实8级地震几乎每年都会在世界上的某个地方发生。过去的我们缺乏放眼全球的手段。在庞贝城的时代,一个罗马公民根本不知道世界上有印度尼西亚这么个地方,更不会知道那里的一场火山喷发摧毁了一片人类定居地。当拉基火山在1783年喷发时,只有少数几个欧洲科学家知道冰岛出了事,大多数人对此一无所知(直到将近一年之后,统治冰岛的丹麦政府才派去了援助)。当1923年关东大地震摧毁东京,消息通过电报传到了美国,但美国仍无从了解关东变成了怎样的一片炼狱。

从这个角度看,如果说苏门答腊海啸除了悲伤还可以给我们一些什么,那就是觉醒。如今关于海啸的知识前所未有地被普及了。但我们仍在艰难地让相关的人群提高认识——现在有太多生活在海边的人仍然缺乏保护,也有太多生活在500英尺(约152米)海拔的人没来由地为自己的安危操心。俯冲地震在引发巨大海啸,帮助我们预测灾区位置方面的作用,仍没有得到充分理解。但"海啸"这个词语对我们的意义,已经比20年前丰富了许多。

苏门答腊海啸后的10年里,人们应付自然灾害的兴趣显著增加了。联合国成立了减少灾害风险办公室,它于2015年在日本仙台协商产生的"仙台框架",现已得到联合国大会的采纳。全球化和现代通信技术第一次将一场局部灾害转变成了国际体验。

人类对于"我们"的定义不断扩张,从家庭拓展到部落再到国家,如今仍在外扩。在苏门答腊海啸中,我们见到了一个包罗全球的"我们",在这个过程中我们也改变了看待灾难的方式。这使得全世界能够发自肺腑地感受一场灾难,并推动我们克服自己最危险、最深刻的偏见。

◇ 第九章

# 败局研究

美国路易斯安那州新奥尔良，2005 年

---

这街上只要出现比棕色纸袋子颜色更深的东西，都会中枪。

——新奥尔良阿尔及尔角的一名白人居民

**"要不是上帝恩赐，遭殃的就是我了**。"我们常用这句谚语来表达对于受害者的同情。2005 年，就在卡特里娜飓风袭击新奥尔良市后不久，洛杉矶地区的一个新闻电台播放了一期特别节目，名字就叫《要不是上帝恩赐》（*There, but for the Grace of God*），明确道出了这场飓风和多灾多难的加州之间的联系。升华一下，这句谚语也道出了我们共同的脆弱，表达了对于苦难的同情。对许多人来说，它还是一件护身符，能保护他们不受无妄之灾：只要我充分相信上帝的善意，我就不会遭受同样的命运。但是当我们思考上帝的恩赐**为什么**没有惠及别的受害者时，我们往往就不那么善意了。

我们已经考察了人类在灾难中寻找规律的倾向（虽然那可能只是表面规律）。数千年的经验证明，这种倾向是能救人一命的——比如，当我们将某人剧烈的肠胃反应和他吃下的蘑菇联系到一起的时候。但是与因果相伴的还有**怪罪**。当我们听说某人突发心脏病时，我们是不是很快会联想起她的生活方式、她的体重？当我们听说某人查出了癌症，我们常常会问："他抽烟吗？"不管有意无意，当我们把一个人的不幸怪罪到他自己头上，我们就自认为避开了相同的命运。"**我可是经常运动的，**"我们或许会这样悄悄地安慰自己，"**而且我不抽烟。**"

某种程度上，正因为我们有怪罪他人的冲动，我们才会欣然接受自然灾害是神对他人的惩罚。想想18世纪里斯本地震时那些拒绝援助受灾者的荷兰市民吧，他们就认为自己没有权利解除上帝降下的惩罚。从这个角度，他们自认为受到加尔文派信仰的庇护，所以才没有像那些天主教的偶像崇拜者那样遭受天谴。如今随着关于自然灾害的科学模型发展并且普及，我们已经不再接受这些简陋的解释了，但这并没有减少我们怪罪受害者，从而满足将自己与他们划清界限的需求。

在美国当代史上，这一点在卡特里娜飓风中表现得尤为明显。卡特里娜飓风是自电视发明之后美国的第一场巨型自然灾害。它在美国造成的死亡人数超过了1906年旧金山地震以来的任何一次事件，差一点就将这座标志性的美国城市彻底摧毁。新奥尔良传来的图像令我们感到恐怖。我们眼看着同为美国公民的人们被抛弃在上升的洪水中，他们无助地站在屋顶，随时可能死去。我们眼看着他们像牲口一样被赶进城里的橄榄球场——超级穹顶（Superdome），那里没有电和灯光，灾民只能在走道上大便。这样的场景，大多数美国人都认为是绝不可能在我们国家出现的。

当这场劫难的报道席卷观众，我们在内心思索起了那个不可避免也无法回答的问题：**为什么会这样？**

在各种气象学灾难中，热带气旋是最致命的。根据形成地点的不同，它们有着不同的名号，有的叫"飓风"，有的叫"台风"，但指的都是相同的基本现象：快速旋转的天气系统，带有强风和螺旋形的雷暴。当它们在北美、大西洋或东太平洋洲形成时,我们就叫它们"飓风"。

　　一切风暴都需要一个能量源来使水浮在空中,并使空气移动。对于热带气旋,这个能量源就是赤道附近海洋上方的空气。那一带海水温暖,海面上的空气也是,温暖的空气上升,也带起了湿润的水汽。这使得海洋表面空气变少,形成了一片低压区。这样的机制,即热空气上升、海洋表面气压下降,是飓风持续存在的原因,也是飓风在夏末达到高峰的原因。要形成一场飓风,只有当海洋表面150英尺(约46米)深的水温至少达到80华氏度(约27摄氏度)才行。而这个条件最有可能出现在持续数月的漫长白天加热海水之后。

　　当然,热空气在哪里都会上升。温暖的海洋还得具备更多条件才能形成飓风。首先,高温区域的周围必须有较为凉爽的区域。这样当热空气上升,在一片区域形成低压,它周围压力较高的空气就会流入低压区。这股"新空气"在低压区内变得温暖潮湿,跟着也会上升,使这个循环连绵不断。

　　当水蒸气上升到大气高层,就会接触较冷的空气。冷暖空气的差别使水蒸气重新凝结为水滴,形成云朵。这个过程释放了蒸发水分所需的能量。空气变得更热了,于是向更高处上升。

　　这个过程只是将水分抽到了空中,但风暴还要旋转(狂风是一场飓风的标志),这就要靠地球自转所产生的科里奥利力了。科里奥利力在赤道处为零,越靠近两极越大。飓风只有在某个范围之内才能产生,那里要距赤道足够远[至少300英里(约483千米)],这样才转得起来,又要距赤道足够近,使水温至少维持在80华氏度(约27摄氏度)。风暴的旋转会将更多空气吸入低压区。

　　飓风形成的最后一个条件是不能有所谓的"垂直风切变"(vertical wind shear)。也就是说,当空气在大气层上升时,周围风的方向和速度不能有太多变化。如果上升的热空气撞到了变换方向的风,它就无法继续垂直上升了,而是会被拉到边上,破坏风暴的形成。只有当以上这些条件齐备时,飓风才会形成。

既然飓风是由海洋的温度驱动的,多数科学家都预计它们的数量和强度将随着全球变暖而增加。确实,以最高风速论,迄今记录到的最强飓风是2015年发生在东太平洋的帕特里夏飓风。2017年的哈维飓风给得克萨斯州的休斯敦地区带来了巨量雨水,超过以往的任何一场风暴。同一年的飓风艾尔玛中,极端强风的时间打破了纪录。不过得到命名的风暴最多[只有强度不小于热带风暴、风速不小于39英里(约63千米)每小时的那些才会被命名]、大西洋盆地的飓风也最多的一个年份还是2005年。[2017年的繁忙飓风季里,大型飓风的数量几乎赶上了2005年(2017年6场,2005年7场),但是小型飓风还是偏少(2017年10场,2005年15场)。]而在2005年的所有风暴中,破坏最大的就数卡特里娜飓风了。

自从1927年柯立芝总统在洪水之后拒绝向公民提供直接经济援助,美国的灾难响应已经有了长足发展。1927年的那场洪灾造成的广泛痛苦引发了公众的强烈抗议。它推动国家制定了1928年的《防洪法》,也推动联邦政府开始大量投资治理洪水,不仅是在密西西比河,也在流经美国的其他几条大河。虽然这笔支出并未惠及灾民个人,但它毕竟开创了联邦政府参与应对巨大自然灾害的先例。

密西西比河洪灾之后不久,农业活动和大规模干旱共同引发了一场生态和社会的双重灾难,史称"尘盆"(Dust Bowl)。那正是大萧条时期,在罗斯福当选总统之后,它促使政府采取了更加主动的响应措施。罗斯福政府成立了几个机构,它们的任务是帮助失去家园的农民,并避免那些最初引起尘盆的做法。这进一步巩固了1927年抗洪的成果,也重申了政府的工作不仅是帮助灾民,也要设计长久的救济策略。

在那之后的几十年里,联邦政府继续一场又一场地救济灾难,直到

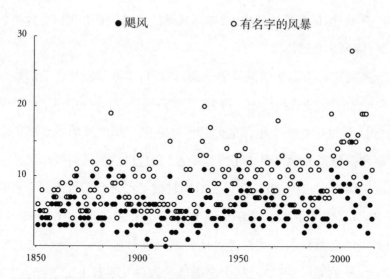

图中描绘的是 1850—2015 年发生在大西洋盆地的风暴。数据来自国家海洋与大气管理局。

1950年，国会终于通过了《联邦救灾法》(Federal Disaster Relief Act)。有史以来第一次，国会授权将联邦资金用于灾后恢复(这也彻底终结了克利夫兰的那句宣言："虽然人民支持政府，但政府不应接济人民")。不过，各种救灾项目仍是由不同的机构根据需要发起的。到20世纪70年代时，有些救灾活动竟有100多个政府机构参与，其结果就是混乱和低效。

一直到1979年，美国才成立了联邦应急管理署来加强灾害响应。由于联邦应急管理署的首要职能是在灾害之后分配资金，它自然成了政治委任者的大本营。替政府发钱总能带来政治优势，即使发的是救灾款。到1992年，联邦应急管理署内部政治委任者相对于职业公务员的比例已经在所有美国机构中名列第一了。

20世纪90年代，联邦应急管理署本身的态度和人们看待联邦应急管理署的态度都起了变化。当克林顿(Bill Clinton)总统委派阿肯色州应急管理办公室的前主任维特(James Lee Witt)出任联邦应急管理署署长时，那也是第一次有具备应急管理经验的人来担任联邦应急管理署的领导或担任任何高级别的联邦政治委任者。维特明白妥善应对自然灾害的政治价值,他对1993年密西西比洪水以及1994年加州地震的响应都体现了他非凡的才能,而这些也成了克林顿政府的政治资产。除了救灾,维特也懂得防灾的价值,他发起了几个减轻灾害损失的项目,比如买下人们在泛滥平原上的房产,又比如翻新房屋以抵御地震和强风。

维特在联邦应急管理署任期内的一项长期工作是规划,具体地说,是设计灾害场景(类似我的"振荡"项目)从而预期可能的灾害,并为政府响应做准备。联邦应急管理署的地区办公室都会制定本地区相应的灾害计划。

在路易斯安那,联邦应急管理署设计了三级飓风袭击新奥尔良并破坏防洪堤、造成洪水泛滥的场景。他们称之为"帕姆飓风"。


密西西比河在流经新奥尔良市时变成了一片"活动三角洲"(active delta)——那里河口很宽,沉积物堆积加上海平面上涨,共同创造了一个移动的支流体系。这意味着那一段密西西比河的位置是不固定的,其支流的方位会随着季节而变化。全世界只有大约70个活动三角洲,其中尼罗河和恒河各有一个。无论如何,新奥尔良市都具有特殊的地位,因为它是唯一一个建在活动三角洲**内部**的大型城市。

沉积物和海平面的互动错综复杂。当一条河流注入海洋,它的水流速度会放慢到接近于零,并在河口放下它一路携带的沉积物。与此同时,上升的海平面(自上一次冰期结束之后,它已经连续上升了1.3万年)又使沉积物**更早地**沉积。这两股力量一起抬高了河床的高度。我们前面已经说过,河流两侧会自动形成防洪堤的现象,也说过一场洪水会不可避免地冲毁这些堤岸,使河水流向低处。这一现象会创造新的支流,但它还有别的作用。随着时间的推移,沉积物的重量还会使洪水下方的地壳略微下陷。由此出现沉降,形成凹坑,从而容纳更多沉积物。

1927年开始在密西西比河上实施的大型防洪项目已经改变了河水的动态。现在它携带的沉积物少于以往,许多都被上游的水库截流了。不过位于两岸防洪堤之间的剩余沉积物仍旧很有分量,使三角洲下方的地壳持续沉降。这种相互作用的结果就是密西西比河不断上升,而它两岸的陆地不断下沉。如今新奥尔良的大部分地区都位于海平面以下了,有些地方甚至比海平面低了20英尺(约6米)。

建造防洪堤是为了保护新奥尔良,但这些堤岸毕竟是人造的系统,有些已经老旧,无力再应付卡特里娜飓风的攻击了。这一点在2005年之前就已经为人所知。再往前三年的2002年,路易斯安那州立大学的路易斯安那水资源研究所曾完成了一项科学研究,该研究显示三角洲的形成过程已将新奥尔良变成了一片深陷的盆地,只要一场风暴潮就会将它淹没。对沿海湿地的限制和破坏使这个问题变得愈加严重。研究者预测,在一场移动缓慢、大量降雨的风暴中,风暴潮和雨水径流将会**漫过**许多防洪堤的高度。

他们的研究成了建构帕姆飓风场景的科学基础。这个场景中规划了5个演习日,目的是发现在这样一次飓风袭击中需要准备哪些东西。演习的项目包含搜索营救、疏散流程和应急电源维护。当假想中的帕姆飓风变成真实的卡特里娜飓风时,5个演习日已经完成了4个。

从物理的角度来看,这场真实的风暴和假想的风暴非常接近。假想的场景对总降水量和洪水水位的预测误差不到10%。飓风造成的许多社会和工程后果也都被预测得很准确,包括从家里疏散并在公共避难场所安置的人数,依靠船只开展的营救,遭飓风破坏的化工厂,残骸的数量,被摧毁的房屋,以及倒塌的桥梁,等等。在飓风过境之后的几周里,国土安全部部长切尔托夫(Michael Chertoff)说:"这是一场几种灾难叠加的'完美风暴',它超出了规划者的预期,或许也超出了任何人的预期。"他说的并非事实。应急管理专家们完全知道新奥尔良会遭遇什么,就连切尔托夫自己的机构也一直在为这样一场风暴做规划。

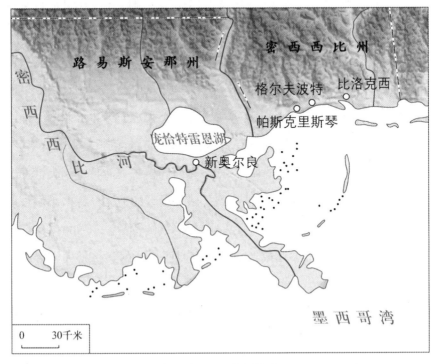

密西西比河三角洲地图。

我们都知道卡特里娜飓风袭击了新奥尔良,但实际上它还摧毁了墨西哥湾岸区的一大部分。卡特里娜是在巴哈马群岛附近生成,于8月25日加强为飓风,紧接着就穿过了佛罗里达。它在经过陆地时有所减弱,可是一进入墨西哥湾,它就恢复强度并且有所上升。8月29日周一清晨,它在新奥尔良登陆,圆形的风眼经过新奥尔良以东进入密西西比州。

飓风的级别是根据风速划定的。风速超过39英里(约63千米)每小时,我们一律称之为热带风暴。超过74英里(约119千米)每小时就是一级飓风。五级飓风的最大风速要超过157英里(约253千米)每小时。不过风速只是飓风的一个特征。飓风造成的破坏共有三方面:(1)飓风会撕裂建筑;(2)飓风会将海水卷上海岸,形成所谓的"风暴潮";(3)降雨本身也会形成洪水。风只对前两个方面起作用,对第三个方面没有作用,因此比起一场快速移动四级飓风,一场缓慢移动的一级飓风反倒可能带来更多雨水,造成更大破坏。

一场飓风风速最快的地方位于其中心附近,风眼东北象限的能量比别处略多。2005年袭击密西西比州的正是飓风的这个象限,它造成了沿海地区几乎全部毁灭。当时的风暴潮高达28英尺(约8.5米),基本上摧毁了岸边半英里(约0.8千米)的所有东西,潮水一直漫灌到内陆12英里(约19千米)的地方。两个较大的城市,比洛克西和格尔夫波特遭到大范围破坏,房屋被洪水掏空,赌博船也被冲到了岸上很远的地方。许多小城被彻底夷平。帕斯克里斯琴便是其中之一,它有8000座住宅,仅500座保存了下来,其余的都被严重破坏或者摧毁。密西西比州的经济损失合计超过1250亿美元。

对照如此严重的财物损坏,没有更多的人命损失已经是一个奇迹了。遭飓风袭击的三个沿海县总人口有40万之多。但密西西比州在8月27日周六就发布了疏散令,当最强的一波飓风来临时,受灾地区已经大致被撤空了。密西西比州内的死亡总数是238人。

这虽然是一个不小的数字,但要不是因为之前的风暴预测,它还会更大。我们在上文考察过地震预测的局限,对这个课题我们这些固体地球科学家已经有了许多深刻见解,但地震仍是**随机的**。大气科学家的预测本领就比我们大多了,因为他们能够看到自己的研究对象。任何领域的成功预测都需要有发生在预测对象之前的事件作为证据。就地震而言,虽然地震前必须在地下积累应力,但是隔着几英里厚的岩石,我们很难观察到应力的积累,也无法分清大型地震和小型地震在应力积累上的差别。

而飓风的袭击不可能是毫无征兆的。要产生飓风,首先得在洋面上形成一团风暴,它必须积累能量并向陆地移动。这一切都在大气层中发生,是可以被观测到的——要么通过卫星,要么通过空中测量装置。困难的并不是确定一场飓风会不会来,而是预测它会加强还是减弱,还有它会走哪条路径。过去20年来建立的数据采集系统和超级计算机促成的综合建模已经解决了这两个问题,精度常高得令人惊讶。国家气象局对卡特里娜飓风的短时预报将其路径确定在了15英里(约24千米)的范围之内,对风速的预测误差也限定在每小时10英里(约16千米)以内。

8月26日周五,就在卡特里娜飓风二次登陆之前的56个小时,国家气象局向墨西哥湾沿岸的居民发出了不详的预警:

> 飓风登陆点周围的大部分区域将在几周内无法居住……时间可能更久……以现代标准来看,居民将蒙受极大损失。

不是每一个州都像密西西比州那样快速响应,并强制疏散居民。路易斯安那州和新奥尔良市一直等到飓风登陆前19个小时才开始下令疏散,只留给了居民很少的响应时间。

在接下去的两天里,在帕姆飓风中模拟的场景真实上演了。虽然新奥尔良的风暴不及密西西比州的那样强烈,但是当卡特里娜飓风在8月29日清晨从新奥尔良东部经过时,仍对这座城市造成了无可估量的破坏。高层建筑窗户破碎,超级巨蛋的几处房顶被掀飞。那些滞留岸边的人亲身体会到了风暴的威力。在飓风登陆后的几个小时里,海岸警卫队总共从树上和屋顶救下了6500人。

接着情况变得越发糟糕。正如路易斯安那州立大学的路易斯安那水资源研究所在报告中预测的那样,风暴潮、极端降雨和狂风超出了新奥尔良防洪堤的承受范围。那个周一有几处堤岸都漫了水,还有几处被冲垮了(帕姆飓风模型预见到了漫水,但没有预见到溃堤。)在周一早晨,即飓风登陆后不久,国家气象局就收到了第一处溃堤的消息。到周二,更多地方发生了溃堤。雪上加霜的是,许多本该为城市排水的泵站都因为电力中断和设备浸水而停止了工作。到周三,新奥尔良已经有80%地区没入了20英尺(约6米)深的水下。

以上是物理上的破坏。飓风对人造系统的摧残也一点不含糊。下水道、排水管、电力、供应链和通信系统全部失灵。对那些滞留在新奥尔良的人来说,我们所习惯的美式生活中的一切都消失了。许多人毫无选择,只能到市府指定的避难所去避难。

近1万人前往超级穹顶躲避风暴,在防洪堤垮塌之后,这座本已经超载的体育馆里又挤进了数千灾民。突发状况数量太多、时间太长,补给品根本供应不上。周二上午,卫生与福利部对超级穹顶做了评估——那里没有电力,没有空调,也没有可用的下水道系统。他们认定了这地方无法居住。尽管如此却仍有近2万人住在里面。

其结果就是大多数美国人都难以想象的一幅地狱景象。《洛杉矶时报》(Los Angeles Times)引用了史密斯(Taffany Smith)的话,她25岁,当时带着3周大的儿子在超级穹顶中避难。她说:"我们在地板上尿尿,就像畜生一样。"恐怖的事件不断发生。据《洛杉机时报》的报道,"至少有两人遭到了强奸,其中一个还是儿童。死亡者至少有3人,其中一名男子从50英尺(约15米)高处跳下丧生,他说人间已经没有值得他留恋的东西了。"

那些留守家中的人,境况也没好到哪去。他们被洪水逼到了阁楼和房顶上。还有些人在自己的住宅里被淹死了。海岸警卫队凭一己之力营救了3.3万人,另有数万人被其他机构或自己的邻居救走。我们不知道在新奥尔良究竟有多少人因为卡特里娜飓风而死去。飓风袭击后一年,路易斯安那州报告了1464名遇难者,但州里也承认他们始终没有完成统计。他们的资源必须投放到更加紧迫的事情上去。


有两个画面成了美国人心目中对卡特里娜飓风的持久视觉象征,一是超级穹顶及其内部冷酷的生存环境,二是一个个家庭在自家屋顶上向过往的直升机挥手呼救。这也是全世界人民在目睹墨西哥湾的灾难时,从电视上看到的景象。这景象激起了种种情绪，其中之一就是同情。在飓风过后的第一个月里，美国红十字会就收到了近10亿美元的善款。

卡特里娜飓风还说明了一个道理：当我们在灾难中总结规律，以证明自己不会遭受同样的厄运时，我们永远会去寻找怪罪的对象。灾难中从来少不了替罪羊，但主导灾难讨论的主要是两种说法——一种是政府失误论，一种是灾民失误论，它们的关系未必非此即彼。

有充分的证据表明，当时的政府没有保证公众安全、没有履行它最基本的责任。在2006年的一份两党委员会报告中，国会将卡特里娜飓风后的响应称为"政府的失职，既缺乏主动性，也缺乏领导力"。出现这种规模的失误，说明政府的各个层级都未能尽责，完全不是说一句错在联邦应急管理署就可以解释的。美国的应急管理建立在一个前提之上：一切灾害都是局部事件。救灾行动始于当地的政府官员，救灾事务由他们全权负责。他们如果应付不来，就向州里求援，并将权力和责任都上交给州。如果连州里也不能应付，就会再向联邦应急管理署求援。然而联邦应急管理署的主要职能不过是分发经费。在卡特里娜救灾中出错的事项大多不归它管辖。

事实就是，政府在灾前、灾中和灾后都辜负了公民。新奥尔良的防洪堤无法抵挡这种规模的洪水。它们最初由陆军工程兵团建造，后来维护工作移交给了新奥尔良防洪堤委员会，每年再由工程兵团检查。飓风过后的分析显示，人们早就知道这些防洪堤的设计不够牢固，而防洪堤委员会并没有按要求参加维护培训，工程兵团的年检也往往沦为社交活动，并不做彻底检查。防洪堤委员会从经费中取出几百万美元修理了公园里的一座喷泉，却没有去修理一道在火车事故中损坏后无法关严的防洪闸门。

当地的飓风应急规划几乎毫无用处。帕姆飓风模型对即将到来的飓风做了精准描绘，但新奥尔良市的计划却远远落在了模型后头。陆军中将奥诺雷（Russel Honoré）于8月31日周三到达新奥尔良，去领导军队的支援行动。据他的描述,超级穹顶内的情形是:"一个典型的案例是官员们设想了最坏的情况,却只准备了应付最好情况的资源。"当地补给不足,也没有应急行动中心。市政府不知道如何启用国家应急指挥系统。那边的密西西比州在飓风登陆前56个小时就开始疏散居民,这边的路易斯安那州州长布兰科(Kathleen Blanco)和新奥尔良市市长纳金(Ray Nagin)却迟迟不做疏散。他们没有考虑到命令传达中的障碍,没有为搜救队准备船只。这样的失误不胜枚举。

最大的失误之一是各级政府之间缺乏合作。举一个例子:路易斯安那州按照《应急管理援助协议》(Emergency Management Assistance Compact,州与州之间的一份互助协议,允许各州在自然或人为灾害中共享资源)请求加州派遣一队专家到新奥尔良市协助重组市政府。洛杉矶派来了15个人,包括搜救、执法和市政服务方面的专家,领头的是消防局局长奥斯比(Daryl Osby,现为洛杉矶县消防局局长)。一行人在巴吞鲁日听取了州长布兰科的简报之后来到新奥尔良,却发现纳金市长根本不知道他们要来。奥斯比局长后来说道:"我到了那里才明白了联邦、州和当地政府之间的关系。我明白了他们之间没有沟通,只有相互指责。"

在救灾过程中,新奥尔良市和路易斯安那州政府都因为不了解应急管理系统的运作而犯了错。纳金市长是在一个酒店房间里指挥的,因为市里竟然没有一个应急行动中心。在接下去的两周里,奥斯比局长和来自其他州的援助者帮着新奥尔良市组建了一个行动中心。布兰科州长不明白联邦和州里的资源要如何协调,只能让州里的国民警卫队临时写了一份教程给她。

腐败进一步妨碍了应急和恢复工作。奥斯比局长这样描述了他第一次和纳金市长见面时的情况:"纳金市长对我说,'谢谢各位,但我真的不需要你们来。如果你们能帮忙叫联邦应急管理署给我开一张1亿美元的支票,我们就能应付了。'我不得不要他重复一遍刚才的话。我接着向他解释凡事都是有程序的。"奥斯比局长在新奥尔良的那几周里,定期会有人来向他塞钱,要他将应急资源用于特定的方向。

有200多名警察在飓风过后没有报到,这个数字占到警察总数的15%。他们有的是在解决自身的家庭危机,这还情有可原;但也有的就是不愿回来服役。在飓风受到广泛关注之后,有51人因擅离职守被开除。司法部对新奥尔良警局在飓风后的表现开展了一项调查,结论是警局的各个层级皆有失职现象:"我们发现,新奥尔良政府和警局在系统和操作方面均存在大量缺陷。"其中包括滥用武力、随意雇佣、监管不严,以及腐败。

动用联邦资源以支持经济复苏,为腐败提供了巨大的新机会。飓风过后,数十亿美元涌入新奥尔良,掉进了相互争夺的市政府、州政府和国家政府之间的缝隙。公众对联邦应急管理署的强烈抗议确保了资金不断流入,但其中的一大部分都被挪用了。纳金市长在2010年离职,之后在2014年被判21项受贿和逃税罪名中的20项成立。他成了第一个因腐败被定罪的新奥尔良市长,因此臭名远扬。整个路易斯安那州也面临腐败问题。州政府运作了一个叫"回乡路"(A Road Home)的项目,旨在帮助人们回到新奥尔良重建家园,并为此得到了10亿美元的联邦拨款。但2013年的一项调查显示,这笔钱中有70%,折合7亿美元去向不明。

政府没能在卡特里娜飓风中保护公民,这是一个重大事件,公民因而冲动地责难政府也是可以理解的。但是,对那些在潜意识中担忧自己也遭受相似命运的旁观者来说,怪罪政府并不能使他们完全满意。想到政府可以换人,他们得到了些许安慰。的确,布兰科州长在卡特里娜飓风之后没有竞选连任,因为大家显然都不喜欢她。但我们大多数人都感觉对政府本身无能为力,我们怎么确保一届失职的政府之后不会再来一届呢?这就可能将我们引上另一种更没有道理但同样坚定的思维方式。

比如我们会说：是那些灾民自己做了错误的选择。当时有大约10万人违抗疏散令，留在了新奥尔良。本来疏散可以增加他们幸存的概率，密西西比州的沿海居民就证明了这一点。**换成我是不会犯这个错的**，我们也许会这样告诉自己。

当然，真实情况要比这复杂得多。我们已经看到，新奥尔良人在接到疏散令之后飓风登陆之前只有很少的准备时间。对许多留下来的人来说，逃跑是不可能的。新奥尔良有四分之一的人没有汽车，叫他们怎么逃呢？市里的规划已经准确预测到了有多少人口无法自行疏散，却又没有为他们想出其他办法。市里本来有大量校车，但没有用来运送灾民，政府后来宣称他们担不起这个责任，也没有足够的司机。

但即使启用了校车来帮居民逃走，这些人又有哪里好去呢？许多人还是付不起住宿的费用。飓风是月底来的，收入有限的人们还要再等两天才会收到工资支票。对许多人来说，超级穹顶不但是最好的选择还是**唯**一的选择。

媒体也在我们所有人的心中激发了给灾民挑错的倾向，他们描绘的新奥尔良是一幅秩序崩坏、暴动连连的景象。美联社宣布："新奥尔良陷入混乱，暴徒趁机抢劫。"美国有线电视新闻网表示："救灾人员遭遇'城市战场'。"按陆军中将奥诺雷的说法，当他在8月31日抵达路易斯安那州时，州长布兰科表现得相当失望，因为她确信新奥尔良的市政当局已经崩溃，她怪奥诺雷没有带更多的军队来。类似这样的说法流传开来并主导了大部分新闻报道。这类报道的蔓延之迅速（以及许多报道后来都被否认这一事实），表明灾难唤醒了人心中的一种恶劣嗜好——旁观者觉得有必要将自己和灾民划清界限，有必要巧妙地将部分责任推到灾民头上。

奥诺雷将军从媒体和许多政府工作人员那里听到了新奥尔良陷入围困、秩序崩溃的描述，但他在那里亲眼见到的却完全是另外一番景象。他见到的是人民陷入绝境、奋力求生，并表现出了"穷人的耐心"。到最后，媒体上大量报道的无序现象都被证明是虚假的。微软全国广播公司的一则报道显示新奥尔良执法部门也参与了"抢劫",但数月后证明那只是警方在按照上级指示向困难群众发放物资。飓风袭击后的5年,《纽约时报》在报道中指出,所谓黑人团体破坏城市的说法并不属实,"一幅更加清晰的真相正在浮现出来,这真相和流言同样丑陋:白人治安员实施暴力,警察动手杀人,官员隐瞒事实,群众饱受折磨,种种残忍的情节,令许多人根本不愿相信"。

和抢劫暴乱的小道消息不同,这些辟谣报道经受住了时间的考验。我认识的一位女性当年是巴吞鲁日的一名青少年。她描述了邻居们听说新奥尔良灾民即将进入他们的城市时赶忙跑去买枪的情景。有一群黑白夹杂的难民想要穿过一座桥梁,逃到主要由白人居住的格雷特纳市。令人恐惧的是,仿佛近100年前的密西西比洪水重现,格雷特纳当局竟鸣枪示警,命令他们调头回到洪泛区。

大部分居民是白人且大部分地区没有淹水的阿尔及尔角市组成了治安队,看到社区里出现任何黑人就发动攻击。他们中的一些人受到了起诉。《纽约时报》在报道中引用了一名被告布儒瓦(Roland Bourgeois Jr.)的话:"这街上只要出现比棕色纸袋子颜色更深的东西,都会中枪。"对他的审判数次延后,并在2014年被无限期推迟。

在丹齐格桥上,有两个黑人家庭尝试从混乱的新奥尔良逃脱时,在没有任何警告的情况下,被四名新奥尔良警察击毙,只因警察接到了报警电话说有人开枪。四名警察被判有罪,但在上诉之后刑期大大缩短。

任何人看过卡特里娜飓风在新奥尔良肆虐的画面,都会认同事情本不至于糟糕到这个地步。但是要他们想出如何更好地救灾就没那么容易了。这样大规模的失败,是由许多参与者较小的失败组合而成。但是就像一条树枝会在木头已经腐朽的地方从树上折断,造成最严重后果的失败，也是在一个体系（无论那是物理体系、政治体系，还是社会体系）最薄弱的地方发生的。

新奥尔良的防洪堤之所以垮塌，是因为它们要防御的是一条不断被侵蚀、长远看必然会胜利的河流。密西西比河的防洪体系是人类工程的杰作，十分令人佩服，但它面对的是一场不可能打赢的战争。要想有效地治理这条河流就必须承认它会移动，并学会适应这些变化，而不是一味想着怎么减少变化。世界上再没有哪个大城市像这样建在一片活动三角洲上，这一点是有原因的。

不可否认，政府在卡特里娜风灾中是有负于公民的，但造成这种辜负的职能障碍，在飓风形成之前很久就已经普遍存在了。市和州之间的互不信任使合作沦为泡影。长期困扰新奥尔良市的腐败问题使恢复工作停滞不前，也使公民陷入长期痛苦。

我们看见有太多美国人将美国黑人的遭遇视为他们自身的选择，而非环境的不利。无论有意还是无意，这种责难受害者的思路其实是人对自然灾害的普遍反应，普遍到了似乎无法避免的程度。我们会天然地否定一个观念，那就是人的痛苦或许是由我们无法控制的力量所造成的，于是为了安慰自己，我们就将责任推到了受害者的头上。这和善意助人的冲动一样，都是人性的一个部分，也像那种善意一样不可能消除。但只要意识到了这种偏见的存在，我们就可以学会在周围认出它来。当下一次灾难来袭时，我们就不必再成为这种偏见的奴隶了。

第十章

# 审判灾难

意大利拉奎拉,2009 年

预测地震的人不是骗子就是傻子。

——查尔斯·里克特(Charles Richter)

在麻省理工学院念研究生时,报纸上一篇写地震预测的文章曾经引用了我的话,那和我在中国的研究有关。不久之后,我就收到了一个男人从苏格兰写来的信件,声称他不仅能预测地震,还能预测"火山、飓风、风暴、火灾、谋杀、心脏病、强奸及其他自然灾害"。谁会把谋杀和强奸当成自然灾害呢?他的来信有 4 页,字号和行距都很小,密密麻麻地解说了他对世界的扭曲看法。我震惊地读完了来信。一位年长的地震学者对我说:"欢迎进入地震学的世界。开始建立你自己的疯子档案吧。"

任何一个在公众面前露过脸的地震学家都会定期收到这类信件,频率之高令人沮丧。我后来又曾接受过许多这样的信件和电话,对方自称用各种方法预测了地震,包括数术、月相、勘水法(一种已被揭穿的寻找地下水库的方法)、对《圣经》的创造性解读,甚至他们自己身体上的不适。比如,有一名女士定期致电美国地质勘探局的帕萨迪纳办公室,她每次头疼时就预测旧金山要地震,腹泻时就预测洛杉矶要地震。(作为第四代洛杉矶人，我觉得这是对我家乡的侮辱。）还有一位女士每天早晨会出门画下蛞蝓在她家车道上留下的痕迹，由此预测与痕迹相似的海岸线上会发生地震。有那么几年，我们几乎每天都会收到这些图形的传真。

就像前面说过的那样，人类蔑视随机性，常常会挖空心思归纳可以预测的规律。大多数人不会简单地把《圣经》往楼梯下一扔，并根据它翻开的页码来做出迷信的预测。但是大多数遭遇地震的文化都创造出了"地震天气"的神话。我母亲经历过1933年的长滩地震，在她看来，雾天就是地震天气，因为长滩地震正好发生在多雾的三月。还有些人经历的第一场重要地震是1987年的惠蒂尔峡谷地震，在他们看来，那一天炎热的圣塔安娜风就是地震天气，但其实那种风在十月份很常见。在地震的创伤使我们注意到当天的天气之后，我们内心对于规律的渴求，加上我们的证真偏差，都会驱使我们留意符合规律的日子，淡忘不符合的日子。

不过那些给我们打电话预测地震的人，在数量上还是比不上另一群人：那群人相信我们知道地震会在何时发生，只是不愿公布这个信息。他们宁愿相信是我在说谎，也不肯接受地震的时间是无法预测的。有一名妇女写信给我说："我知道你不能告诉我下一次地震会是什么时候，但你至少可以透露你的孩子什么时候会出城去走亲戚吧？"

几千年来，意大利人一直在尝试预测地震。老普林尼在他的《博物志》中就以书面形式提出了最早的地震天气理论之一。"我确信刮风是地震的原因，因为当海洋平和、天气宁静、就连鸟儿都无法飞行时，大地从不震动……地震也不会在狂风停止后发生。"他还指出，地震在意大利的山区尤其常见："我在研究中发现，阿尔卑斯山脉和亚平宁山脉经常地震。"

虽然老普林尼对地震时间的预测没有经受住时间的考验，但他对地震空间分布的观点却被证明是相当可取的。亚平宁山脉确实是意大利地震最频繁的地区之一。在地震风险地图上，意大利这只靴子的背面正是风险最高的地带,原因是这片地带复杂的板块构造排列。如果将眼光放大就会发现,非洲板块在向北冲撞欧亚板块,庞贝火山就是这样爆发的。这个局面因为微板块(microplates)的存在而变得更加复杂,因为它们会在板块交界处的周围互相推挤。亚得里亚板块就是亚得里亚海下方的一个微板块,它位于意大利东面,移动的方向和非洲板块及欧亚板块似乎都没有关系。具体来说,亚得里亚板块的一部分俯冲到了意大利下方,由此形成了纵贯全国的亚平宁山脉。

和其他容易地震的区域相比,亚平宁山脉的地震特别喜欢扎堆。我们在前面看到,在20世纪初地震学刚刚诞生的时候,大森房吉曾用一个公式描述了一场地震是如何引发另一场的。虽然一切地震的背后都有相同的原理,但对于不同的地区和不同的地震,这个公式的参数却各不相同。比如,某场7级地震可能会引发一串小型余震,其中只有一两场达到5级(如1989年旧金山附近的洛马·普列塔地震);而另一场7级地震可能会引发数百场5级余震。它也可能引发一场更大的地震,比如,2011年日本北部外海的一场7.2级地震,就在两天之后引发了一场9级大地震。虽然单次地震难以预测,但我们确实可以在这些差异当中找到一些地区特色。比如,亚平宁山脉就是小型地震经常集群发生的区域之一。不过,这些小震中偶尔也会出现一次破坏较强的**大震**。这样的集群可能持续几天、几周,或者几个月,最后来一次大震——也可能没有大震,径直结束。

这类地震集群给想要谈论风险的地震学家们出了一道大难题。位于罗马的国家地球物理及火山学研究所做过一项研究,发现在意大利的这些地震集群中,有大约2%包含了一次大型地震。也就是说,每当一次地震集群开始,就有约2%的概率会发生一次破坏性大地震。不过换一个角度,这也意味着有98%的概率**不会**出现破坏性大地震。尽管如此,这仍代表了风险的显著升高。想想其中的区别吧:在某个地区,破坏性大地震每几百年才会发生一次。也就是在任何一个月里,只有10 000分之一的概

这幅意大利地图显示了构造板块的边界和拉奎拉地震的地点。

率会发生大地震。但如果这时出现了地震集群且其中有50分之一的概率发生大地震,那么大地震的风险就增加了200倍。

不过再怎么增加也只有50分之一。也就是50次地震集群发生,其中的49次都会平安无事。那么我们应该怎样告知公众呢?是说大地震的风险增加了200倍,还是说有98%的概率不会发生大地震?

地震学家和地震预测之间有着一种爱恨交织的关系。找规律做预测的冲动是印刻在每一个科学家的DNA里的,然而地震预测却始终显得近在眼前而又无法把握。20世纪初,地震学家开始编制地震目录,希望能在其中找到有意义的规律。伍德(Harry Wood)是地震学早期的一位巨匠,他在1921年撰写了一份申请,建议在南加州安装第一批地震仪,理由是如果我们可以看到小型地震在哪里发生,或许就能运用这条信息来推测大型地震的方位了。事实证明,这个观点只有部分正确——有些小型地震发生在主断层附近,但圣安德烈斯断层却始终平静,只在大地震时才会断裂。除了地点,小型地震也无法对大型地震的**时间**提供任何清晰的线索,我们唯一知道的就是大森房吉在1891年描述的那个基本的余震激发模式。与希望相伴而生的是劣质的科学,甚至是借地震预测的名义犯下的欺诈行为。更不用说那些自诩预测者的人寄来的源源不绝又毫无希望的信件了。我们已经明白了要非常怀疑地对待这类预测。

在20世纪20年代和30年代收集了第一批数据,并看清其中并无规律之后,多数科学家都转而思考起了**为什么**会发生地震的问题。但是在海城地震之后,情况又起了变化。海城地震中,本来绝不可能幸存的人们却幸存了下来,说明中国的科学家肯定**做对**了什么。美国、日本和苏联都重启了正规的政府项目,希望能一劳永逸地解决地震预测的问题。

海城地震向我们展示了中国的部分预测方法。无论在中国还是别处,大多数研究都是围绕这样的假设展开的:要让一场大型地震发生,断层沿线上就必须积累应力,所以我们应该去寻找应力增加的证据。研究者在断层沿线安装了应变仪,用来直接测量地面的形变。中国的研究者还分析了地下水化学构成的变化。这在物理上也是说得通的:如果岩石在巨大的应力下开始碎裂,它们就会向水中释放气体,由此对水的成分造成显著变化。岩石的碎裂还会改变周围岩石的导电性。加州甚至还仿照中国的公民科学开展了一项对照实验,一举验证了动物能否先于人类感知地震的假说。实验招募了生活在圣安德烈斯断层中部、常常遭遇5级地震的农场主,并要他们报告自家动物的行为。他们至少每周要出一份报告,并且不许在地震发生**之后**再反过来报告动物在地震之前的行为。(这是为了防止他们在已经知道地震的情况下写出不客观的报告。)

但是随着时间的推移,这些研究大多无果而终。应变仪确实记录到了变化,但分析显示它们反映的不是地震应力,而是当加州的气候在干旱和洪水之间摇摆时地下水位的变化。对水中化学成分的研究同样让人失望。曾经人们寄希望于地下水中的氡气可以作为有用的指标。氡是放射性衰变中产生的元素,尤其是在花岗岩中,我们可以合理地推测:水中氡元素的增加是地面开裂(亦即地震活动)的结果。然而冰岛的一项详细研究却有力地证明了在火山喷发之前氡的含量不会变化(地震的岩石应力不及火山,就更不会变化了)。至于动物,不,它们同样不能预报地震。对照研究显示,动物在地震前的反常行为报告并不比其他时候更多。精明的年轻科学家们心中有数了:为了事业,最好还是研究更可能成功的课题吧。于是在经过20年的专注研究之后,对地震预报的兴趣又再次消失了。

地震的性质决定了你似乎可以在很长的时内里找准规律,但最终你的预测还是会彻底失败。毕竟地震是随时都在发生的,就算随机猜测也很容易猜对。每隔8小时,地球上的某处就会发生一场5级地震。如果你宣布"明天将发生一场5级地震"却不说明地点,那么你很有可能说对。

有些人就是利用了这一点来诈骗。我记得在1994年时听过一则新闻:有一名男子给洛杉矶的一家公司发了一份电报,预测下周会发生一场6级以上地震。后来洛杉矶北岭果然发生地震,造成了400亿美元的损失,公司被男子折服了。他们想接着听取他的建议,于是花钱购买了他的地震预报。但他们不知道的是,男子每周都会换一家公司发送同样的电报,然后等待随机发生的地震来应验他的预测。

更具潜在危险性的是我们自己欺骗自己的能力。试想你是一名科学家,预测了某时某地会发生一场5级地震。根据随机概率,地震确实可能发生。就说这概率是5%吧。接着在你预测的时空范围内,发生了一场4.7级的地震。看来你已经说得挺准了,是吧?应该可以宣布自己成功了吧？但实际上，在这个时空范围内发生4.7级地震的随机概率不是5％，而是翻倍的10％。你是在根据已经发生的事实更改"成功预测"的定义，这使你的预测价值大打折扣。如果你再对地震的时间和地点放宽一点标准，那么即使出于好意的预测也会失去意义。

许多研究者都曾掉入这个陷阱，直到被统计学家阻止。多数地震学家现在坚信，即使是一次看似成功的预测也未必真的成功。一个成功的预测方法，必须在多次地震中显示其预测效度，并且其准确性要明显高于随机概率。几十年来，我们已经遭遇了太多次虚假警报，因此这样的要求一点不算过分。如果不这样要求，我们的证真偏差就会接着愚弄我们，让我们认为自己发现了地震的规律，但实际上，我们做的无异于在随机排列的恒星中臆想出星座。

2009年1月，意大利古城拉奎拉附近开始了一连串地震。拉奎拉由神圣罗马帝国皇帝腓特烈二世（Frederick Ⅱ）建于中世纪，它的四周环绕城墙，以保护其中99个村庄组成的联盟。腓特烈二世的目的既是保护这些村庄，也是保护他自己的势力范围，以抵御教皇不断壮大的政治力量。"拉奎拉"正是因此得名，它的意思是"老鹰"。几百年来，拉奎拉一直是这个地区的运输、商贸和通信中心，到今天它仍是阿布鲁佐大区的首府。拉奎拉坐落于亚平宁山脉高处，海拔2800英尺（约853米），是7万多人的家园。据史料记载，它在漫长的历史中曾多次发生地震，其中死伤惨重的几次有1349年（800人遇难）、1703年（3000人遇难）和1786年（6000人遇难）。

2009年的这一串地震从1月持续到了二三月，好几次有明显震感。联想到历史上的那些地震，城里的居民们开始紧张起来。在2009年的前几个月里，光是学校就被疏散了好几次。

这时朱利亚尼（Giampaolo Giuliani）登场了，他是拉奎拉的居民，在国家核物理研究所下属的格兰萨索国家实验室做技术员。朱利亚尼操作的机器专门检测放射性气体,到2009年年初时,他已经研究了近10年的地震模式及其与氡元素的关系了。新发的这一串地震给了他验证观点的机会。2009年2月,他根据对氡气的测量提出了一组预测,他把预测结果交给媒体,引发了各种报道。但他始终没有将这些结果写下来上交当局,因此我们也不清楚他**到底**预测了些什么。我们看到的只有媒体报道。

得知这些预测之后,供职于官方地震研究中心国家地球物理及火山学研究所的科学家们发布了几条公告,表达了他们对那个地区地震情况的了解:这些集群地震是常见现象,可靠的地震预报仍不可能,发生大地震的风险还很低。虽然这些公告内容正确,但它们丝毫没有缓和公众的焦虑。到3月中旬,地震仍未平息,意大利语博客"民主妇女"(Donne Democratiche)询问了朱利亚尼对持续地震活动的看法。这次朱利亚尼说,地震集群是本地区的"正常现象",并非大型地震的先兆,它们到3月底就会平息的。

但是3月30日,这一连串地震中最大的一次袭击了拉奎拉市,震级4.1级。朱利亚尼见状又做了一次预测。他告诉距拉奎拉东南35英里(约56千米)的苏尔莫纳市的市长,说要准备在6—24小时内迎接一次破坏性地震。市长信了他的话。装着扩音器的卡车在城里行驶,用广播提醒居民,催促他们逃跑。许多人抛下家园逃命,然而地震并没有来。

就这样,朱利亚尼的明确预测至少有两次没有应验。与此同时,居民们仍频频体验到震感,媒体也仍在询问他的意见。意大利政府努力想叫他闭嘴。当局告诉朱利亚尼,他是在毫无必要地吓唬居民。但是尽管他之前有过两次失误,仍有不少居民相信他的预测。

政府必须编出一条和朱利亚尼的一样有说服力的信息。这个任务落在了国家大型风险预测及预防委员会的肩上,那是负责沟通国家民防局(在美国它叫应急服务机构)和科学界的正规政府组织。这个委员会由地震科学家和工程师组成,每年在罗马集会一次,回顾研究及监测活动,它也可以在紧急情况下临时召集,以评估迫在眉睫的风险。

3月30日,周六,政府反常地在拉奎拉召集了大型风险委员会的特别会议,时长只有一个小时。那次会议的唯一一份纪要是在一个月后编写的,并不能算可靠的信源。我们只知道,当局召开这次会议是为了提出一个安抚群众的说法。当时,国家民防局局长贝尔托拉索(Guido Bertolaso)的电话正因为另一项调查而受到监听,他在会议召开前就曾这么说过。尤其是他要专家们告诉公众:"发生100次4级轻震要比一片寂静好,因为100次轻震会释放掉能量,这样就不会发生破坏性的强震了。"

会议结束后,6名与会科学家马上离开了。然后国家民防局的副局长德贝尔纳迪尼斯(Bernardo De Bernardinis)就这次会议召开了新闻发布会。他重复了贝尔托拉索局长在电话中对于集群地震益处的主张。他说:"科学界告诉我们没有危险。因为能量在持续释放之中。形势看来对我们有利。"在回答一个记者提问时,他说是的,大家应该放松下来,喝一杯酒。

但是德贝尔纳迪尼斯和贝尔托拉索用来安抚民众的理论基础,即小型地震频发会降低大型地震的风险,是明显错误的。这个说法里有点民间智慧的影子,也常常有人拿这个来问我,但它只是出于一厢情愿的想法。确实,大地震会释放比小型地震更多的能量。根据那个说法,如果发生了许多次小型地震,那不就是把积累的能量都释放掉了吗?这虽然在直觉上有点道理,却违背了我们在地震中观察到的一个最稳定的特征——里克特(Charlie Richter)在他计算震级的第一组地震中就发现了它,我们在每一次的余震序列中也看到了它,全世界任何一个区域的地震集群中都体现了它。这个特征就是:**小型地震和大型地震的相对数量是恒定的**。小型地震越多,大型地震也**越多**。数学家把这称为"自相似分布"。

结合里克特震级,这意味着每发生1次3级地震,就大约会发生10次2级地震。如果发生一次6级地震,就大约会发生10次5级地震、100次4级地震和1000次3级地震。当然,实际数字会有微小的变化。但这个分布在地震学中已经是众所周知的真理了。没有一个地震学家会告诉你说,发生了许多次小型地震就会**降低**大型地震的可能性。

既然如此,那些民防官员为什么还要这么说呢?我们从贝尔托拉索的谈话录音中得知,他在举行会议之前就已经想好了这个说法。保护公众是这些民防官员的职责。那次新闻发布会上并没有科学家参与,似乎也没有邀请他们参与。有一位科学家说,他是回到罗马后才知道有这么一次发布会的。可是,地震学家们为什么不在会后发声,指出他们的代言人说错了呢?

一周之后,4月5日圣枝主日的深夜,一场3.9级地震袭击了拉奎拉市。48岁的外科医生文维托里尼(Vincenzo Vittorini)是拉奎拉市民,他后来向《自然》(*Nature*)杂志述说了自己的反应。"我父亲很怕地震,"他回忆道,"每当大地震动,只要稍有震动,他就会把我们集合起来带到屋子外面。我们会步行到附近的一处露天广场,到了晚上我们兄弟四人和母亲就睡在车里。"维托里尼说,当一周前的4.1级地震袭击拉奎拉时,他那位被吓坏了的妻子叫醒了他,他立刻照父亲的做法叫她去外面去躲了一阵。但这一次,他又想起了那个新闻发布会,他记得当局宣布大地震的可能性很低,过去一周全城都在讨论此事。他和妻子、女儿辩论起了应该如何行动,最终他说服了她们待在家里。

4月6日凌晨3点32分,当三人一齐躺在主卧室的大床上几小时后,大地震发生了,这场6.3级地震撕裂了拉奎拉。这个震级虽然比不上太平洋沿岸的那些强震,但是在一条断层的正上方发生这样规模的地震,冲击是极大的。基本上市内的**每座**建筑都遭到了破坏,总共有2万座房屋被彻底摧毁。位于市中心的历史街区是在1703年的地震后重建的,这一次地震使之毁灭了大半。(震后的数年它一直对外封锁,因为过于危险而不准进入。)就连那些在第二次世界大战后的繁荣岁月中竖立的现代房屋也未能幸免,它们大多是在抗震规范提出前设计的,许多在建材和建造质量方面都不合格。拉奎拉大学的宿舍楼倒塌,压死了学生。地震造成6万多人无家可归。政府建起难民中心,用帐篷容纳了4万人。[意大利总理贝卢斯科尼(Silvio Berlusconi)完全没有尽到安抚民心的职责,他竟说公民们应该感谢政府出钱给他们住宿,他们应该把这当成是在海滩上度假。]

维托里尼医生描述,地震时人仿佛置身于一台巨型搅拌机中。他居住的公寓楼建于1962年,在地震中整个倒塌。他的公寓位于三层,地震后离地面仅数英尺。他在6小时后被人拖出了废墟,幸存下来。他的妻子和9岁的女儿死了,这场毁灭中连她们共有309人遇难。

就像我们之前看到的那样,每一场灾难都会激发怪罪他人的冲动。拉奎拉的受难市民们很快把矛头指向了当局及其毫无根据的安民告示。面对民意,政府在地震后短短几周召集了一个"地震预报民防国际委员会"。他们从9个国家请来了10位地震学的一线专家,分别代表中国、法国、意大利、英国、德国、希腊、俄罗斯、日本和美国。委员会由乔丹(Thomas Jordan)博士任主席,他之前曾在麻省理工学院的地球科学系做主任,获邀时是南加州地震中心的主任。他和另几位专家对世界范围的地震预测开展了一番综合评估,确认了地震预测是不可能的。他们在震后几个月发布的结论认为,科学界不仅要自主地开展研究,还要自主地和公众开展有效的沟通。

虽然为拉奎拉的毁灭"定责"一事有了一些进展,但事实证明这还不够。地震发生后的17个月,科学家和民防官员们遭到了更具体的指责。2011年9月,阿布鲁佐大区检察官对民防局副局长德贝尔纳迪尼斯以及6

名地震学家和工程师提起诉讼,这些人都参加了3月30日的那次性命攸关的会议,起诉的罪名是,他们用虚假信息麻痹民众,从而过失致人死亡。

好几个国际科学组织愤而回应。美国科学促进会、国际地质和地球科学联合会、美国地震学会等向意大利联名致信,谴责这场诉讼是对科学的攻击。

拉奎拉地震绝不代表科学的失误。它代表的失误是科学家未能向大众传达数据的细微差别。在悲剧面前,我们总会问道:"当初还有什么别的办法吗?"在拉奎拉,答案是显而易见的。国际委员会主席乔丹博士指出:"因为朱利亚尼先前预测的干扰,当局没有向民众强调危险正在增加。他们也没有认真建议拉奎拉市民采取措施防范地震危机。他们被迫回答了一个非此即彼的问题:'我们会遭遇一场更大的地震吗?'他们说了不会,这是一个非常明白但不正确的说法。"

大区检察官的指控依据的是维托里尼医生这样的市民的证词。另一名受害者科拉(Maurizio Cora)说他在3月30日的4.1级地震之后曾把家人带去一片开阔的广场,但是因为政府的保证,他们在4月5日晚那场3.9级的地震之后待在了家中。后来他家的公寓楼倒塌,他的妻子和两个女儿都死了。

他们的证词扣人心弦,检方胜利了。7名被告罪名成立,被判入狱6年。在接下来的3年里,官司又打到了两个上诉法庭。最初的法官裁定,几名专家只开展了"粗浅、大概、笼统的"风险分析,因此没有尽到他们在风险委员会中的职责。后来一个上诉法庭推翻了这一裁定,根据的是委员会成员所做分析的具体内容。成员们当时认为,没有理由相信多次小型地震会造成大震风险的显著变化,上诉法庭认为这是一个有效的科学主张(虽然在学科内部并非公论)。在之后的第二次上诉中,检方又提出科学家们未能驳斥副局长德贝尔纳迪尼斯在新闻发布会上宣扬的"能量释放有利论",因而有罪。最终,法院裁定责任只在德贝尔纳迪尼斯一人。他被判决有罪,但刑期减到了两年,科学家们全部被宣布无罪。

虽然这样的诉讼非常罕见,但意大利科学家的困境却并不少有。我和我的同事就在加州面临过类似的处境。在拉奎拉地震前3个星期,距圣安德烈断层南端只有3英里(约4.8千米)的地方发生了一场4.8级地震。这个位置很令人警惕,因为一场地震很容易引发附近的其他地震。如果像这个例子一样,在很近的地方有一条很长的断层,那么接着引发一场**强烈**地震的概率就会大大增加。在这之前大约20年,我曾和加州大学圣迭戈分校的一位同行阿格纽(Duncan Agnew)合作,提出了一套估算这类风险增加值的方法论。我们预计,像我们在2009年3月经历的那场地震一样,接下去的3天内圣安德烈斯断层上发生一场大地震(至少7级)的概率达1%—5%。

在加州,和意大利的风险委员会相对应的是"加州地震预报评估委员会"(以下简称"地震评估委")。我当时就是地震评估委的成员。那次4.8级地震之后不到一个小时,我们就召集了一次电话会议。我们用两个小时达成了一致意见。于是在地震发生之后才几个小时,我们的一页长的关注声明就交到了州政府的手里。我们在声明中指出,发生大震的绝对风险很低,但仍比长期风险高出了几百倍。我们还准备了一份公告,列出了南加州居民可以采取的具体行动,比如检查他们的供水设施。剩下的就是让州政府替我们发布公告了。

这个流程是加州的科学家和州长紧急事务办公室(以下简称"州长紧急办")之间一项协议的结果,这项协议可以追溯到20世纪80年代晚期。由于州长紧急办必须承担这类公告的后果,他们自然希望能提前看到公告的内容,然后再向民众发布。于是地震台网、地震评估委和州长紧急办就共同制定了这么一套流程:先由地震台网加工信息,确定当前的情况,然后由地震评估委撰写一份风险评估,最后再由州长紧急办向媒体和公众发布消息。为防止科学家亲自发布信息，州长紧急办承诺在收到此类信息后的30分钟之内一定向外公布。

这项协议是在1986—1994年敲定的。这段时间里加州发生了大量地震，我们也因此有了许多机会验证某种方法到底行不行得通。但到2009年时，加州进入了一个相对平静的时期，其间，几乎没发生过大型地震。州长换了一届又一届，从前的官员、科学家和技术员纷纷退休，旧日的关系也不复存在了。2009年3月，当我们地震评估委的几个人向州长紧急办发送公告时，大多数接收者都还是第一次看到这类报告。

接着就没有了回音。公告没有对外发布。等待几个小时之后，地震台网和地震评估委的科学家们开始坐不住了。又等了几个小时，回音终于来了：州长紧急办决定不向外发布消息。

我们争论着下一步应该怎么办。一次地震之后再来一次的风险会随着时间的流逝迅速降低，余震的风险也是如此，因此，当我们得知州长紧急办并未发布我们的公告时，至少有一半的额外风险已经消失了。除了州长紧急办，作为联邦机构的美国地质勘探局也可以独立发布公报，但现有的机制不允许我们和他们接洽，我们向来是只通过州长紧急办发布信息的。总之，那一次到最后公告也没有发布出来，但是众所周知，那一次在圣安德烈斯断层沿线也没有发生地震。

当短短几周之后，地震袭击拉奎拉并连累那里的科学家被告上法庭时，我和乔丹博士（加州和拉奎拉的两次地震中都有他的身影，因为他既是地震预报国际委员会的主任，又是地震评估委的成员）都意识到我们侥幸逃过了一劫。如果圣安德烈斯断层上真的引发了地震，又如果公众知道了（肯定是瞒不住的）科学家曾经预测它有5%的发生可能（我们说的是1%—5%的可能，但我们的话肯定会被掐头去尾），并且预测了还**不**告诉公众，那我们肯定会成为众矢之的，而且一点都不冤枉。

科学成立的前提是科学从业者可以自由地为相互对立的观点辩护。卷入拉奎拉诉讼的那些意大利科学家，许多可能再也不会对地质风险发表意见了，他们的顾虑也很好理解。但是，因为担心信息遭到误解，或更进一步，担心被公众操弄而隐瞒这些信息，那是会损害公众利益的。灾难发生之后会留下一片信息的真空。要是科学家不去填补这片真空，别人就会补上。拉奎拉的事件已经充分说明了这种局面的危险。

科学家的劳作环境非同一般，在那里冲突和争论都是常态，普通人要经过一定的训练、具备专门的知识方能进入这个环境。当我们觉得外行人无法理解我们表达的内容时，我们就很容易认为责任在于**他们**，而不是反省自己没能有效地对外沟通。

科学研究大多是在大学和政府实验室中进行的。这样的环境奖励突破，而所谓突破就是把一流的论文发表在顶尖期刊上。一旦你耗费时间将科研成果翻译成大众可以读懂的文字，用研究来促进事业发展的时间就少了。而另一边是当地政府、城市规划师、工程师和公共设施管理者，他们的责任是遵照最新的科研成果开展工作。比如，建设更加安全的城市，治理生态系统，保护我们的重要管线和运输系统，等等。但他们并没有经费来将我们的研究转化成实际应用。科学事业已经在科学家和科研理应造福的大众之间划出了一道深深的鸿沟。

说到底，我们仍需要地震学家来研究地震的发生机制。即使到了今天，我们仍不知道是什么使得1级地震只会沿断层滑移几码就停下，而7级地震要滑移100英里（约161千米）。我们不知道这究竟是因为地球内部的某个东西，是在地震开始之前就已经注定的；抑或它是一个动态过程，取决于地震沿断层运动时撞见了什么（或没有撞见什么）。如果是后一种情况，我们就可能永远无法做出人们渴望的那种预测了。

眼下，我们已经找到了地震这幅拼图中非随机的一块——我们对前震、余震以及地震的触发已经有了一定的了解。我们必须将这些信息尽可能清晰地向公众传达。我们要相信公众可以掌握好这些信息。科学家生怕自己被误解而不愿多说，这使得太多普通人被蒙在了鼓里，无法运用我们的洞见帮助他们自己。只有将研究成果传播出去，科学才有可能发挥作用。

现在我只能说：今天加州**会**发生一场地震，而且每天都会发生。至于它有多大，那就谁也说不准了。

◇ 第十一章

# 无福之岛

日本东北部地区,2011年

---

　　如果现在地狱里升起了一座乐园,那是因为在日常法则的暂停和大多数体系的崩溃之中,我们可以自由地用另一种方式行动和生活。

——索尔尼(Rebecca Solnit),《地狱中建起的乐园》(*A Paradise Built in Hell*)

　　大的灾难从来不是单一因素造成的。如果是孤立事件,我们还可以应对处置。你可以把它们想成是一起车祸中的几个因素:假如某个司机没有被他的孩子分心,假如另一个司机没有在那一刻变换车道,假如第三辆车没有因为雨水而失去抓地力,那么那场车祸就不会发生。在这些因素中抽掉任何一个,那一刻的错误就可以被纠正。

　　我们已经见过这条原则是如何在面临自然灾害的社会中发挥作用的了。里斯本和东京的地震之所以会造成大灾,并不单纯是因为大地的剧烈震动,还因为地震引起了火灾,并且地震恰好发生在一天或者一年中的某个不凑巧的时刻。要是里斯本地震没有发生在诸圣日的教堂礼拜期间会怎么样?要是东京没有在午餐时间遭受地震袭击呢?摧毁新奥尔良的也不单单是卡特里娜飓风,还有之后人造防洪堤的垮塌。要是检查那些堤坝的是美国陆军而非当地的一个委员会,是不是结果就会不同了?

自然灾害会暴露弱点并对其施加压力,这已经是一条人尽皆知的规律了。灾害会引起深刻的系统性变化。在一个变得越发炎热、干燥的环境中,一片森林可以在压力下幸存一段时间,但最终一场野火会将它彻底烧毁,使它再也无法复苏。原来的生态系统会消失,替换成更适应新气候的动物和植物。一个社会系统也是如此,那些自然灾害已经证明了这一点。

不过,极端的自然事件不但会引起毁灭,还能带来机会。灾害造成了文明的崩溃,但灾害也催生了必要的社会变化。

2011年3月11日的东日本大地震就是这样一次事件。它既是自然和人工力量累积的结果,同时也提供了一个机会,它带来的冲击如此强烈,使得日本社会长期奉行的原则从此开始变化,这变化到今天仍在进行。本章中提到的几位女性是这种变化的象征,她们对各自社区的贡献,是她们自己在灾难发生之前绝对想象不到的。2011年的这场地震撕破了许多传统文化的束缚,令这些女性和她们的同侪有了成为领袖的机会。

日本在本质上就是一条火山岛链,在这里平地是宝贵的资源,它们都是数百万年以来,河流在山脊和山谷中冲刷的结果。在日本的主要岛屿本州岛,一条长长的山谷位于东京北部,它沟通了一条商道,也连起了一串城市,这些城市从前都是各个武士家族的要塞。福岛市就坐落在这条山谷之中,它位于东京以北200英里(约322千米),靠近日本的中心地带。福岛确实是有福之地:在2011年3月11日之前,它一直是一座繁荣发达的城市。

地震那天,佐原真纪(Maki Sahara)正待在她位于福岛的家中。这位年轻的主妇身材修长,留着长长的刘海和披肩长发,此刻她正充满盼望:明天她女儿就要从幼儿园毕业了。日本的学年在每年三月份结束,幼儿园会在毕业那天为孩子们举行一场正式的典礼,以庆祝他们跨入人生的

新阶段。两天前,刚有一场7.2级地震撼动了佐原家的房子,但是在日本,
这样规模的地震每年总要发生一两次,佐原已经习惯了,并没有多想。

日本海

大槌町

本

日

南三陆町
仙台

州

福岛

太

本

岛

东京

2011年
9级地震断层

平

洋

0        70千米

这张日本地图显示了2011年东北部地震的断层。

佐原本来要在毕业礼上担任家长教师联合会的代表,她回忆前一天
她还取出了典礼上要穿的和服。传统的和服是一套复杂的服饰,她必须
提前把各个部分都整理好才行。佐原记得自己当时不仅想到了幼儿园里
6岁的女儿,还想到了在附近酒店上班的丈夫。她还想到了两个外甥女,

那阵子她们都住在外祖父母家中,她们的母亲在医院里和白血病做斗争,佐原在她们母亲治病的时候帮忙照看她们。

下午2点46分,正当和服还摊在床上时,地震开始了。强烈的震动将佐原掀翻到地板上,她定了定神,等待着震动结束。她等啊等。令人无法站立的强烈震动**持续了一分多钟**。

这次地震的级数达到了9级,而且就发生在离陆地不远的海上。它的断层长约250英里(约402千米),震中位于福岛东边。这次地震的强度在人类的地震记录中排名第四,滑移距离之长前所未有。在它之前,世界上滑移最长的是1960年的智利地震。那次地震的断层长800英里(约1287千米),最大滑移约120英尺(约37米)。这意味着两个处在断层两边的物体,在地震的瞬间就错开了100多英尺(约30米)。[比较一下:圣安德烈斯断层到今天累积的滑移也才26英尺(约8米)。]而日本的这次地震,虽然断层长度只有1960年智利地震的三分之一,但最大滑移却达到了240英尺(约73米),是之前观察到的最大值的两倍。这是一场大部分地震学家都认为不可能发生的地震,但它就是发生了。

这次地震也是对日本建筑法规(不仅严格制定,而且严格执行)的验证,换作其他国家会将建筑夷平的震动,只令佐原家的碟子碎了一地。不过她的房子虽然安好,供电却中断了,手机也因为网络堵塞而无法使用。她做的第一件事是跑到幼儿园去接回了女儿。她的丈夫也很快回了家,在确认家人安全之后,他又返回酒店照料受惊的客人去了。佐原和女儿安顿下来,等待着生活恢复正常。但是对佐原来说,作为一个母亲和一个主妇的生活,从此再不可能恢复原样了。

福岛北边,沿着山谷更远的地方坐落着仙台市。就在佐原真纪准备女儿的幼儿园毕业礼时,35岁的加拿大政治学研究者杰姬·斯蒂尔(Jackie Steele)正在按照另一项日本传统,庆祝她女儿塞娜(Sena)的6个月生日。那天她和伴侣带着塞娜到大商场里的一间摄影棚，拍摄了一系列和服照、正装照，还有大黄蜂装的肖像照。拍摄结束，他们刚给塞娜换回自己的衣服准备挑选想要保留的照片时，地震开始了。他们蹲到了地上，随着震动继续且越来越强，商场的电力中断了，他们被笼罩在了一片黑暗之中。时间似乎漫长得没有尽头，杰姬把孩子抱在身下，感叹周围的职员们竟如此镇定。当震动终于停止，应急灯亮起暗红色的微光，店员们按照经常演习的疏散方案，将顾客引导到了商场楼顶。

楼顶是停车区，杰姬的轿车就停在附近，但她没有上车离开。和其他房屋一样，这座建筑也没有遭受显著破坏，但周围的人们此时都震惊失措。杰姬回想起一个男人想要上车离开，却似乎记不得要怎么开车了，他一味交替着猛踩油门和刹车，搞得汽车差点竖了起来。杰姬可不想和这样的人一同驶上公路。她把商场员工发的毯子裹到了身上，决定在屋顶上再等一等。

仙台向南200英里（约322千米），在那条长长山谷的另一头就是东京，东京湾周围的土地密密麻麻地居住着3800万人口。地震发生时，40岁的石本惠（Megumi Ishimoto）正位于东京众多高层建筑中的一座里，石本身材修长、精力充沛，在一家金融服务公司上班，担任CEO的行政助理。她对自己的事业并不满意，渴望在替投资人赚钱之外还能做些什么，当时她正考虑出国参加人道主义工作。

当地震开始摇晃她所在的高楼时，她并没有被晃倒在地上。不像福岛和仙台都位于地震断层的西侧、接近震波的源头，东京处在地震破裂带南边。地震波在到达东京之前需要传得更远，这意味着震动虽然非常强烈地持续了近两分钟，但其中最强的颠簸，即速度最快的高频震动，已经在传播的途中衰减了。在这座东京高楼的38层上，剩余的慢波使石本感觉仿佛置身于一条大型游轮，正随着船身在汹涌的海面上起伏。

地震发生后不久电力中断，这座城市引以为傲的列车和地铁系统也停止了。数以百万计的上班族只能徒步回家。幸好石本的家比较近,只步行了两小时就到了,她的许多同事都足足走了6个或8个小时才到达家里查看家人的情况。不过总的来说,东京并没有遭受多少损失。

到这时候,日本似乎已经抗住了一次不可思议的大地震。如果灾害到此为止,那这个国家就只是受了点擦伤,整体还是健康的——那名司机暂时被自己的孩子分了分心,但仍及时避免了一次相撞;那片森林因为干旱减少了面积,但最终仍恢复了生机。然而接下来的这场劫难却不仅是地震这一个事件造成的,它最终造成了无法预计的后果。

苏门答腊地震是6年前的事。就像恐惧的旁观者见证的那样,一次海洋地震的最大破坏往往不在震动本身,而在震动引发的海床位移。东日本地震将一块250英里(约402千米)长的岩石移动了240英尺(约73米),这个过程搅动了大量海水,也不可避免地引发了一场海啸。

海啸袭击了本州岛的东北端。东北地区有一条崎岖的海岸线,沿线点缀着几座小城,它们多数以打鱼为业,捕捉日本料理赖以成名的海鲜。这一带乡气闭塞,是日本最传统的地区。一家中的长子继承农田,始终和父母居住在祖宅中。儿媳和公婆同住,年轻的母亲要把小孩藏好,不能让外人看见,这对女性而言是一种非常封闭的生活。

海啸如同地震,也是日本人生活的一部分,大多数城镇都建有防御海啸的工事。2011年3月海啸来袭时,许多城镇已经建起了20英尺(约6米)高的海塘,以保护港口附近这些城镇立足的平地。海上发生地震之后,海啸要过15—30分钟才会抵达岸边,居民们也都接受过培训,知道在这类强震之后要往高处避难。他们清楚海啸的危险,也自认为已经做好了准备。

他们的确对**地震学家预计的那种海啸**做好了准备。但是这一次的地震超出了一切预期,谁也没料到海底断层竟能释放出如此大威力。这场海啸比学者的预计大了几倍,许多地方的海浪高逾45英尺(约14米),有一处的海浪甚至冲到了100英尺(约30米)。居民们根本抵挡不住。断层的北半部分滑移最大,那里的海浪全部超过了30英尺(约9米)。那一段的潮位仪也都被极高的海浪冲毁了,我们现在已经无法知道那些海浪究竟有多高,只知道它们越过了安装潮位仪的高度。

在东北地区的大槌町,上野卓也(Takuya Ueno)和他父母生活在其家族世代居住的老宅里。这位33岁的上班族是本地少有的大学生。大槌町是一座小镇,居民有16 000人,他们中许多人都是渔夫或在鱼类加工厂里工作。上野是一家生产中心的管理人员,每天通勤到当地最大的城市上班,公司在家北边40英里(约64千米)。那天震动停止后,他和同事都跑到了山上。他们目睹了海啸席卷下方的城市,一波波的大浪冲刷了几个小时。他和同事们活了下来,但都被困在了山上。上野开车下班回家的道路被冲毁了,因此他回不了家了。他奋力来到附近一个叔叔的家里,开始等候。

上野的母亲广(Hiro)当天在大槌町的一家诊所陪她的哥哥看糖尿病。她不会开车,是她丈夫开车将两人送到诊所的。因为人们知道海啸的风险,所以在地震发生之后,病人和医护都被转移到了诊所的屋顶上,这种做法被称为"垂直疏散"。(除此之外也不可能将这么多年老体衰的人送去其他安全的地方。)这家诊所的建筑刚刚高过海浪,病人们活了下来,但他们眼睁睁看着自己的家宅先被卷入波涛,后又毁于大火。

和大槌町的其他人相比,他们还是幸运的。地震发生之后,市议会立刻在市政厅召开了紧急会议。议员们本该按照应急守则离开市政厅到高处避难,但他们决定留在原地。两天前的一场7.2级地震也引发了海啸预警,但最后平安无事。这一次地震,预告的海啸超过16英尺(约5米),而市政厅的前面挡着一座20英尺(约6米)高的海塘,确保他们的安全似乎是绰绰有余了。

有许多居民聚集到了市政厅的外面等待市议会的决议。当45英尺（约14米）高的海啸冲过海塘时，他们纷纷跑进市政厅想要爬上房顶，然而通向房顶的只有一道楼梯。最后只有一小撮人幸存了下来，其余数百人都被海浪卷走溺死，包括市长和市议会的大多数成员。大槌町的16 000名居民中，有1300人失去了生命。广女士和她哥哥被领到了一个疏散中心，她能做的只有等待家人来找她了。他们的房子就建在海边，席卷的海浪带走了家中的一切，房子被彻底毁了。

海啸发生后的3天，道路还封闭着。上野听说有人在通过一条登山道逃离大槌町。他反其道而行之，经登山道返回了大槌町，并在那个疏散中心里找到了母亲，母亲见到他时大叫一声，瘫软在了地上。他的父亲始终没有回来。

在震后的几周里，这座小镇都在挣扎着从毁灭的边缘恢复正常。中央政府派出的应急救援者建立了几个疏散中心。人们清理了海啸留下的碎片。遗体被送到政府出资的停尸间，按照性别、年龄和体格大小分类。上野的一名好友的母亲失踪了，于是，两人每天都会到所有的停尸间去一次，上野辨认男性遗体，好友辨认女性，两人各自努力寻找着父母。每一天，他们都和数百人一起，一个一个地打开敛尸袋，查看里面的死者，抱着微弱的希望，寻求一个了结。

海啸后的一个月，上野的父亲终于被人找到，送到了停尸间里，上野在那里认出了他。他是在自己的车子里被人发现的，当时或许是想逃跑，也可能是要到医院去找妻子。经过一个月后，在一堆海啸的残骸里，人们凭着他那块独特的手表才认出他来。大槌町的另外400名死者再也没有找到。

类似的毁灭场景在东北沿岸的每一座城镇上演。在南三陆，一名年轻女子仍坚守岗位，在紧急事务大楼的三层广播海啸预警、发布撤退指令。海啸冲进大楼将她卷走，夺去了她的生命。在一关市的一座小学，教师们没有培训过听到海啸预警该如何应对,于是将孩子们都集中到了学校操场上。学校距大海超过2英里(约3.2千米),他们以为这样就安全了。但海啸长途奔袭而来,杀死了102名学生中的74人。

最后,9级地震本身造成了150人死亡,另有超过18 000人因为海啸而死。每一个人的死亡都是一出悲剧,以这样的死亡规模,绝对称得上是一场重大的可怕的灾难。不过,对于这样一场前所未有的地震和海啸,日本的表现已经是世界各国中的佼佼者了。地震只震塌了很少的房屋,火车一辆也没脱轨。随后的海啸虽然大大超出预计,造成了可怕的死亡人数,但它直接影响的只有日本1亿多人口中的一小部分,相比1923年东京大地震死亡的14万人已经少得多了。使这场地震上升至全国性灾难的并不是地震本身,也不是地震与海啸的联手,而是在这两个自然事件之外,又加上了一个重大的人为因素。三者的共同作用引发了一场巨大危机,那是日本自第二次世界大战之后不曾见过的。

核电站利用的是大型原子的原子核(比如铀原子的核)在裂变时产生的热量。它们用这股热量来产生蒸汽,再用蒸汽推动涡轮发电,由此创造许多人在日常生活中使用的电能。但是在核反应中产生的热量必须加以控制,要使其远离核燃料,否则燃料就可能熔化,进而使盛放它们的容器爆炸。因此,核燃料容器都要配备水循环系统,将热量疏散掉。所以核电站总是建在大型水源附近以便降温,而水源往往是海洋。此外,核电站还要有一套多余的后备电力系统,以确保热量控制系统不会停运。

在日本,因为有持续的地震和海啸风险,在海边建立核电站时还必须考虑电站可能面临的最大海啸。当福岛第一核电站在20世纪60年代建成时,它的"设计基准海啸高度",也就是设计者预计的最大海啸高度,只有10英尺(约3米)。电站建在了海平面上方33英尺(约10米)处,这似乎已经留出了充足的安全距离。还有那个吸入海水冷却核燃料的海水泵,它的引擎也只比海平面高出了13英尺(约4米)。2002年时,引擎的设计高度调整为20英尺(约6米),根据的是对以往的海啸更加详细的研究,海水泵也做了相应封闭,以防被洪水淹没。但是在之后的几年里,人们研究史料后发现,此地于公元869年发生过一场地震,它所激起的海啸可能比修改后的设计基准更高。到2011年,这一风险仍在讨论之中,研究者并未就将采取何种合适的行动达成一致。本来地震研究委员会打算在四月就这个问题发布一份报告的。

福岛第一核电站抗住了地震本身,没有出现明显损坏。核反应堆也自动关闭了,与设计的丝毫不差。但是尽管活跃的核反应已经停止,残余过程却仍在释放热量,冷却工作也仍是关键。地震造成了维持冷却泵的电网停电,备用发电机开始工作。它们似乎也发挥了应有的功能。

地震后一个小时左右,下午3点41分,第一波海啸击中了福岛,8分钟后又来了更大的一波。几只海水泵的引擎在10年前已经做了封闭,即便是如此规模的海浪它们也承受住了。这时备用发电机就成了整套系统的弱点。它们的位置太低,完全淹没在了40多英尺(约12米)高的海浪之中。就这样,6个反应堆中有3个的冷却系统失灵。失去有效冷却的反应堆变得过热。压力渐渐增加,核燃料开始熔毁。反应堆的爆炸只是时间问题了。

地震和随之而来的海啸发生在一个周五的下午。当天晚上,日本政府就紧急宣布疏散核电站周围2英里(约3.2千米)范围内的居民。到第二天周六,疏散范围扩大到了6英里(约9.7千米)。接着1号机组中熔化的燃料引发爆炸,掀掉了反应堆建筑的屋顶,将更多辐射释放了出来,于是,疏散范围又扩大到了12英里(约19.3千米)。到周日,另一个反应堆的注水系统失灵,其中的水位也开始显著下降。虽然当时情况还不明朗,但它的堆芯在当天清晨就开始损坏了,至少在一个机组中,大部分燃料已经熔毁,也可能全部都熔毁了。到了下一个周二,又一场爆炸使疏散范围扩大到了20英里(约32千米)。

核电站大体上抗住了地震,甚至也抗住了海啸,但那几台应急发电机却成了它的死穴。冷却不足导致堆心熔毁、氢气–空气化学爆炸,也导致在接下来的4天内,有3个反应堆向外泄露了放射性物质。这一连串事故造成放射性物质进入了空气和周围的海洋。这些化学物质发出**电离辐射**,这种辐射能量巨大,足以改变与它们接触的原子。当辐射击中人体,它会改变我们的细胞,造成出生缺陷和癌症,在最高剂量下还会造成辐射中毒和死亡。

佐原真纪在福岛的家和福岛第一核电站的距离略大于30英里(约48千米)。她和这座城市近30万名居民中的许多人一样,直到海啸后的第4天才知道电站出了事故。因为停电,她看不了电视,而且她和邻居们都要忙着应付地震及其余震,根本没空关心别的。她女儿的幼儿园毕业典礼推迟了,要等到电力恢复才能进行。居民们清扫着地震留下的狼藉。在家里,食物从碗橱里掉到了地上,碟子、玻璃器皿和小摆设都摔碎了,这些样样都需要清理。那天是周二,当从海岸疏散的人群开始抵达福岛时,佐原才发现这不是一次简单的大型地震。这些难民是被强制离开家园的,有的人只在背包里装了点衣服,他们都被检测了所受的辐射水平。其中的一些人被测出了携有大量辐射,就连他们背包里的衣服也被收走了。

起初,政府将这次核事故的严重性定为了国际标准0—7级中的4级。与之相比,1979年的美国三里岛事故是5级,而1986年的苏联切尔诺贝利事故是史上唯一的7级。政府警告说另外几个反应堆也有爆炸的可能,但泄露到环境中的放射性暂时不会威胁人类健康。佐原注意到了"暂时"这个说法,她不知道接下来还会发生什么。

在之后的一个月里,随着核危机的持续发酵,他们发现真相比政府透露的要严重得多,对福岛的居民来说,情况尤其如此。反应堆和废弃的燃料仍然过热,需要用未经处理的海水浸泡降温。但海水具有腐蚀性,反而使泄漏更加严重。这时偏偏又燃起了大火,将更多辐射物质送入了环境。暴雨和风将辐射物质带到东北方向,也就是福岛的方向。周围的辐射水平不断上升。两周以后,即便在南方150英里(约241千米)之遥的东京,自来水中的辐射量也增加到了婴儿的辐射安全水平的两倍。到三月底时,电站近旁海水的辐射水平已经是安全值的4385倍了。一直到事故的严重性有了如此铁证,事故发生整整一个月后,日本政府才将事故评级调整到了7级,与切尔诺贝利的等级相当。

随着危险范围扩大,核电站附近小城镇的许多居民都搬到了福岛市的疏散中心。福岛市本身也已经是危险区域了,因为除了政府划定的疏散区域之外,就数福岛市内的辐射水平最高。但福岛市本来已有30万名居民,再加上新来的一波逃难者,要疏散市内的全部人口将是极其艰巨的任务。政府告诉居民留下是安全的。虽然小学生还不许到户外玩耍,但随着城市重新组织,初高中学生已经可以继续到户外运动了。

但是放射性物质不断释放并在环境中扩散。像铯和碘这样的重元素是辐射的主要源头,它们落在了草地和沙坑里。到夏天结束时,福岛市的辐射水平已经变得极高,以至于政府决定将市内所有裸露地面的表层土统统铲除。学校、公园和住宅后院的土壤都被刮去了几英寸,装进密封的大塑料袋里,堆成了一座座小山。这项工作进行了5年才告完成。

政府最初的保证,以及随后发生的证明这些保证错误的事件,在市民的心中播下了不信任的种子。佐原真纪对信息的匮乏相当愤慨,她到东京去参加了几次抗议。在海啸后最初的几个月里,有多达20万人走上城市的街头,他们抗议对核能的持续依赖,抗议政府对福岛的局势不够坦诚。反核运动在日本有很长的历史,因为这是唯一有城市被原子弹毁灭的国家。福岛第一核电站事故为反核运动创造了新的焦点,活动人士也从各地来到福岛帮助重建工作。"福岛30年项目"启动了,目的是帮助居民获得关于辐射的信息。依靠捐款,项目买来了辐射扫描仪以评估食品的安全性,还有全身扫描仪以测量身体吸收的辐射量。项目开设了课程和训练,让居民们学习如何保护自己和家人。项目还敦促政府在公园里安装公共辐射监测装置,它们在地震发生两年之后终于安装到位了。

佐原真纪自愿到项目上帮忙。她先是去做了一名接待员,帮助市民们获得他们需要的服务。她没有接受过培训,但也希望能出一分力量。她为人们安排扫描时间,帮他们报名参加课程。每当扫描显示某人辐射水平偏高时,就会有人教他如何将接触的辐射物质减到最少。项目开设了各种课程,比如,指导父母让孩子在水泥地面上玩耍,不要去草地或者沙坑。随着时间的推移,佐原在项目中的角色越来越重要了。一位想要保护自己孩子的当地母亲,可以比东京来的那些活动分子发出更加有效的变革呼声。此外,她也更加了解自己的社区,知道大家需要什么。比如,她设法搞到了手持盖革计数器,并开办了一个培训课程教导孩子们如何测量辐射,如何寻找安全的地方玩耍。她自己先理解了辐射,控制了辐射,然后又将这种能力传授给了孩子们。她找到了人生的目的。

像大槌町的大多数人一样,上野卓也在灾前的生活几乎什么也没留下。他儿时的家,那座曾经居住了几代人的祖宅,已经彻底消失了,被海啸卷进了不远处的海里。而且政府认定这块地基极有可能在未来再遇海啸,不宜再建房屋。由于工厂被毁,他的工作也没了。他还失去了父亲,母亲陷入悲痛之中无法自拔。

中央政府带着援助来了,但当地已经没有政府机构可以与他们对接。一直到8月,当地才重新组织起来,选出了新的市长和市议会,以接替死于海啸的那些人。当一切都没剩下,你还怎么重启?上野卓也开始和其他希望参与重建的人见面,讨论如何创造就业机会。

有救援者从外地赶来帮忙。急救护士神谷澪(Mio Kamitani)就是其中的一位,2008年她曾在美国得州加尔维斯顿的一家医院工作,当时艾克飓风将这座城市的大半都淹没在了水下。她在那里照料因过于虚弱而无法被疏散的病人。神谷来大槌町是提供心理援助的,但最后却留了下来参与重建社区。上野和神谷爱上对方并结了婚,他们住进了一间临时房子,那是市内仅有的住宅之一了。

大槌町面临的最艰巨的任务是化解灾难对于人们情绪的冲击。有400条生命彻底失去了,他们的遗体再也没有找到。这次事件造成的创伤,再加上庞大的死亡人数,使人们很难从悲痛中走出来。如果**每一个人**都有创伤后应激障碍,还有谁能去帮助别人呢?海啸发生之后几年,市里组织大家去恐山朝圣。恐山有着一派荒凉的火山风景,到处是沾着硫黄的岩石,过去1000多年,它一直被佛教徒奉为通向阴间的门户。许多失去了丈夫、妻子、孩子或父母的家庭都参加了这次朝圣,他们为死者祈祷,试图让心灵平静。上野卓也的母亲也去了,她为亡夫祷告,努力放下悲伤。

就这样,寻找出路的大槌町居民自行组织了起来,他们的努力促成了一个正式的非营利组织,名叫"おらが大槌夢広場",可以翻译成"为我们的大槌町建造一片梦的广场"。这个组织的目标是鼓励人们参与重建,提供服务以补充退化或者丧失的政府职能,还有重新激活当地的产业和旅游。他们开设培训班,用自身来之不易的例子指导其他社区成立组织自救。上野和神谷至今仍在感叹一次灾难竟能如此恐怖,却又能将人们团结起来创造新的生活。

神谷还从中获得了一种新的感悟。当有人问她在见证这样一场劫难之后有什么能和大家分享时,她是这样说的:"要爱,要感恩,要珍惜与家人的每一天……这听起来像是陈词滥调,但这些恰恰是许多人再也无法做到并最为怀念的东西……人们谈到我的城市和其他灾区时,经常是从防灾和重建的角度来说的,但我觉得我们也可以谈谈'爱',因为我们许多人都对爱是什么已有了自己的定义。"

她同样敦促大家"要相信自己有做出决定的权力和能力",她说起2011年许多日本人正是因为依赖政府和各种机构才遇难的,其实这些组织并不能保护公民的安全。"我想大家一定要认识到,自己的生命由自己决定,而不是那些预警系统。"

对于东京的石本惠来说,核心熔毁只产生了比较间接的影响。灾后所有的核电站都关闭了,造成了整个国家电力不足。在许多天里,她始终在没有电、没有灯光、没有暖气的环境中工作。她知道其他人的日子比她更加难熬,她想做点什么帮助他们。但这时候志愿者们还没有组织起来。她和几个朋友去了被海啸重创的石卷市,去帮助当地清理残骸。

这次经历对石本是一个转折点。她回到东京后辞了职,并开始寻找机会从事人道主义工作,毕竟在灾难之前她就有这种意向了。5月初,她再次回到东北地区,来到了另一个名叫南三陆的海滨城市。这时日本各地已经有数万个像她一样的人正在前往东北地区做志愿者,还有几个组织成立了中心,负责与当地政府及中央政府协调。大部分志愿者都希望从事清扫残骸的体力工作,因为这能让他们接触当地的人民。

至于石本,当她来到南三陆中心时,她提出当地需要什么她就做什么。因为她的行政管理背景,中心要她担任比较枯燥的后勤工作,负责组织团队并管理对志愿者的支持。她起初打算只待一周,但其他人央求她再待久一点。她同意再待1—3个月。当地政府在之前曾请求志愿者为疏散中心的女性成立一个支持小组,因为石本答应逗留更长时间,她被任命为这个小组的组长。

在一名政府官员和一名当地妇女的陪同下,石本考察了几个疏散中心。起初,她们的工作只是听取那些妇女们的最大需求。她们访谈的许多女性从小被教育要安静沉默,要多考虑家人少关心自己。尽管疏散中心里条件简陋,加重了她们被迫离家的创伤,但这些女性没有一个表示抗议。她们缺少鼓励她们提出异议的文化氛围。于是,石本的第一项工作就是开创一个环境,让这些传统女性能够自由地抒发意见。她成立了一个编织小组,给了她们一个抛头露面的机会。最先加入的几个人非常安静。但过了一段时间,这些女性就开始表达不满了。她们诉说了在这个狭小的地方生活是如何不便,自己的孩子稍有些吵闹那些老头子就发脾气。她们抱怨疏散中心里分发物资的男性经理,发卫生棉时只会一片片地发,弄得她们必须一天几次和一个陌生的男子讨论这样的私事。还有几名妇女小心翼翼地谈起了她们在中心遭遇的性侵犯。

石本从这些对话中明白了一个道理:如果她的组织要想帮助这场灾难中最脆弱的婴儿和老人,他们就必须先确保这些妇女得到了关怀,因为妇女才是婴儿和老人的主要照料者。她还意识到,当一个个家庭从疏散中心搬进了临时住宅,在疏散中心里开展的城市项目就会和他们失去联络,但这个时候他们仍然需要得到支持。

看到这个缺口之后,她决定另外为妇女们成立一个更加广泛的资源中心。虽然一开始没钱,但石本设法从各个基金会筹到了资金,渐渐地政府项目也提供了赞助。这个中心起初是为因海啸住进临时住宅或受到其他损失的女性提供支持的地方,在这里他们和这些女性交谈,并协助她们与官僚体制做斗争。5年之后,中心成长为了"女性之眼"(Women's Eye),这时它已经是一个支持东北地区女性重建家园和社区的非营利组织了。

"女性之眼"的成员都是女企业家,都为振兴东北地区创办了企业和非营利组织。佐原真纪和神谷澪都是其中的成员,除她们之外还有一位创立了一家现代连锁分娩诊所的助产士、一位摄影师和一位海藻加工厂的所有人。"女性之眼"将她们联系在一起,让她们看到自己并不孤单,还向她们提供商业和领导培训。

"女性之眼"还和一个规模更大的全国性组织结成了联盟,那就是"日本女性减少灾害风险网络"（Japan Women's Network for Disaster Risk Reduction）。堂本晓子（Akiko Domoto）是千叶县的第一位女性知事，也是这个组织的主席。她的工作是解决救灾过程中影响女性的真正问题，并纠正灾难暴露的根本性的性别不平等。

对于居住在仙台、带着6个月大婴儿的加拿大研究者杰姬·斯蒂尔来说，地震意味她必须离开仙台的家了。震后没有暖气和水，除了离开她无法保证孩子的安全。和佐原不同的是，她在核电站失灵的过程中及时得到了消息，她知道自家的住宅就在电站的下风口，也知道婴儿的风险是最大的。她的父母和朋友都央求她回加拿大避险，但那样似乎就等于抛弃了仙台的社区，也抛弃了她已经开展两年行将结束的政治学博士后研究。但是无论怎么不舍，在挨过两个非常寒冷的夜晚之后，她还是只能去了**别的地方**。好在她的汽车里还有半箱汽油，可以驾车逃难。她住到了长野县的朋友家里，安全地避开了这场核危机。

杰姬最终还是离开了仙台，但没有离开日本。"3·11地震"之前，她的研究课题是多样性和女性的政治公民权。现在有了地震的经历和对救灾恢复的观察，她开始对自然灾害的治理，即对政府如何在危机中发挥职能，产生了兴趣。她特别关心女性在这个过程中的待遇，也因此和堂本知事的组织以及石本的"女性之眼"有了联系。

杰姬目前是东京大学政治学系的一名副教授，她再次回到了东北地区，去研究当地居民正如何为日本创造一种新的文化。他们渐渐明白，身边的女性"不仅仅"是为支持家人履行责任的母亲，她们还是社区中无法缺少的组成部分，她们可以帮助社区重获新生，并为女性创造一个更加包容的新未来。

2017年春，我和佐原真纪共处了一天，了解了她把关于辐射的数据、意识和训练带去福岛所付出的努力。这时的她已经接管了福岛30年项目的运营,和6年前的那个家庭主妇相比已经判若两人。她决心将项目继续下去,并维持人们的关注。她知道灾区恢复面临的最大难题是人们的注意力会随着时间而涣散。世界会不可避免地发生其他灾害、其他危机,产生其他需求。但是对于日本东北部的人民来说,恢复工作仍没有完成。多年之后,许多人仍生活在临时房屋里。福岛第一核电站附近的区域仍然无法住人。大槌町也还没有决定是要将被毁的市政厅留下作为纪念,还是把它拆掉了好让社区继续前进。有时候,灾后恢复是一个令人痛苦的漫长过程。

那一天即将结束时我问佐原,如果可以和世界分享一条心得,她会分享什么。她对我说,她希望20年后回首往事的时候,她会感到欣慰,因为她和其他组织者做成了许多事情,**不仅仅是**保证了孩子们的安全。因为如果回首过去却发现自己做得太少,那就太可悲了。

◇ 第十二章

# 用设计来防灾

加州洛杉矶，未来的某个时候

当时间一年年过去，美国那令人艳羡的物理、经济和社会环境在自然和技术的危害面前变得日益脆弱……美国过去一直（现在仍然）在为自己创造越来越严重的未来灾难。

——米莱蒂（Dennis Mileti），《灾害的设计》（*Disasters by Design*）

洛杉矶的存在就是地震的结果。它的位置是在美国干旱的西北部，如果不是因为有群山环绕，那肯定是一片无法住人的沙漠地带。这些群山因活跃的断层而隆起，它们笼络了云朵从大洋中抽取的湿气。同样，断层锁住了地下水，创造了涌泉，让最初的定居者们灌溉庄稼。随着20世纪初人们发现了石油，一座现代城市开始兴起，而这些石油同样是由断层所收集的，其中储量最大的油田就在纽波特－英格尔伍德断层附近，它从长滩一直延伸到洛杉矶的西城区。

断层使洛杉矶成了一座富饶的城市，但断层也是一项岌岌可危的资产，且随时有地震的风险。纽波特－英格尔伍德断层在1933年造成过一场6.3级地震，它摧毁了700多所学校，也催生了美国的第一部地震安全法。这部《菲尔德法》（The Field Act）为公立学校规定了更高的建筑标准，这也是美国的第一部地震建筑法规。1971年,圣费尔南多地震不仅摧毁了几十年的老房子,也摧毁了新建的现代建筑,尤其是橄榄景医院的新精神科病房,并由此促成了对建筑法规的全面修改。1994年,当北岭地震来袭,震塌两座高速公路桥时,它使我们相信我们的高速公路并不牢靠,也使加州交通运输部斥资100亿美元对这些公路做了改建。

这三场发生在1933年、1971年和1994年的地震在我们心中种下了两种矛盾的信念。一方面,它们激励我们保持警惕,一定要做好恰当的准备,要能抵挡地震并做出反应。但同样重要的是,它们也蒙蔽了我们,使我们误以为自己已经知道该如何应付地震了。毕竟这座城市曾经三次从地震中恢复,并且重获繁荣。1933年,也就是有700所学校被毁的那次,学生们在帐篷里上了两年学,但最后所有的学校都重建了,而且建得更新、更牢固。1971年的地震引发了110场火灾,而它们都被成功扑灭了。有一座水坝几乎垮塌,差点淹没了8万名居民,但最后所有人都得到了疏散,水位也被及时压了下来,并未发生洪水。1994年那次,整座城市大停电,但24小时后电力就恢复了。每一次地震都会催生新的安全法规,其中对学校、医院和高速公路的规定尤其严格。这每一项进步都使我们认为地震是可以掌控的,认为洛杉矶的风险没那么大。

然而这种思维方式有两个危险的漏洞。第一,每次地震之后的改进项目只是为了平息公众的愤慨,主政者的愿望始终是不要花掉**太多**市政经费。每实施一项新的法案,都有无数其他法案没有实施,它们同样很有价值,只是得不到足够的支持来说服议会掏钱。最容易启动的项目往往是支持灾后响应而非灾前预防的。公众可以接受给消防队伍配置精良装备,但若要求他们修理自己不可靠的房屋结构就比较难了。毕竟,为他们的决定承担后果的是他们自己。难道不该给他们自行选择的权利,无论那个选择是如何鲁莽吗?

这又引出了这种安全观的第二个漏洞,即上述的那几次地震(1933

年、1971年、1994年）其实**没那么大**。如果着眼经济损失（5000万美元、5亿美元、400亿美元）和生命损失（115人、64人、57人），它们似乎的确很大。但它们的震级（6.3、6.6、6.7）却显示它们的断层还是比较短的，没有一条长于12英里（约19千米），比起我和我同事模拟的圣安德烈斯地震还差了很远。它们还算不上是大灾。

在真正的大灾中，我们的个人抉择不会孤立存在。席卷东京的大火并没有只烧毁最初起火的房屋。从防洪堤裂口处倾泻的大水并不认识县和县的边界。大灾不仅会影响社区，还会彻底改变社区。它们会摧毁一个个产业，就像20世纪60年代的加州洪灾。它们会使整个国家的人民沦为难民，就像拉基火山喷发后的冰岛。它们会使经济倒退几十年甚至更久，就像18世纪的葡萄牙。它们能创造政治财富，也能夺走政治财富。为大灾的到来做准备，与为看似很大的一般灾害做准备是截然不同的两回事。

加希提（Eric Garcetti）自2013年开始担任洛杉矶市市长，是一个典型的洛杉矶人。在这座移民组成的城市里，他自己就是一座大熔炉。他的祖先是意大利人，在墨西哥定居。他的曾祖父在墨西哥革命中被杀，还是婴儿的祖父被带到了加利福尼亚。他的母亲是俄罗斯政治移民，因此他既是洛杉矶的第一个犹太裔市长，又是第二个拉丁裔市长。他常常提到他是在圣费尔南多峡谷出生的，就在1971年制造圣费尔南多地震的那条断层附近，他出生之后5天就发生了地震。他之所以提到这个，是为了说明他或许命中注定要对付地震。

我有一个朋友兼同事认得加希提，因为他的催促，我在这位市长就任几个月后和他见了面。老实说，我当时颇怀疑这会是浪费时间。我在6年之前成立了"振荡"项目，我当时认为，要是能用直观的语言表达我们的科学知识，民众就会认识到地震的结果是他们可以掌控的，也会由此产生行动起来的紧迫感。我们的振荡模型很受追捧,读者甚众,许多机构都用它来规划对大型地震的响应。但它并没有像我认为的那样用于地震防灾。人们理解了大地震的破坏可能,但似乎未能由此出发明白他们的行为其实可以预防破坏。

不过希望还是有的:旧金山缓慢启用了一个项目。那里的工程师和科学家经过 10 年的推动,终于促成了"地震安全社区行动计划"(Community Action Plan for Seismic Safety),他们在这张蓝图中列出了各种措施,让城市可以在发生地震时用来降低风险。有感于他们的主动精神,我提出要与加希提市长见一面,我要向他介绍旧金山的这个计划,希望能激起城市之间的一点点竞争。

后来加希提告诉我,我的那次到访使他既兴奋又害怕。他当时才刚刚走上市长岗位。他对我说,他起初的想象是从做了 6 年的市议长换到市长的位子上就像是从丰田的卡罗拉换到了凯美瑞,工作性质相似,只是改进了工具而已。但实际上,他说那更像是从卡罗拉换了一辆半挂车。他刚刚在试着厘清自己的全部职责,我就出现了,而且我还尝试着明白无误地向他宣传未来一定会发生大地震,只是时间尚不明确。对他来说,要消化的信息显然太多了。那就好像是我把他从一辆卡车里拖了出来,然后按到了一架飞机的仪表盘前。政府最基本的职能是为公众确保安全。但那次会面时,我却告诉他确保公众安全或许是办不到的。

但他没有因此终止会面。我们继续交谈。在我看来,加希提市长虽说是位民选官员,但他的思维方式比我料想的更像一位科学家。他很倚重数据,能以量化的术语评估手头的工作。上任之后,他的一大举措就是开放城市的数据,因为他认识到数据共享是唯一可靠的改善途径。"如有必要,拥抱耻辱",他补充道。

我们发现彼此心意相通,我俩都是土生土长的洛杉矶人,也都怀着同样的目标,即见证我们的城市持续繁荣。于是,我们尝试了一种前所有未有的做法。我们在我服务的联邦机构,即美国地质勘探局和洛杉矶市之间商讨了一项协议。根据这项协议,我将在市政厅服务一年,和市长的部下一起,为这座城市最紧迫的地震问题制定应对方案。我们发布了一份重大公告,宣布我们双方正在联合探索一套方案,这方案单凭一方是不可能制定出来的。

之后的合作水乳交融。对我来说,这是一次长达一年的实验,我不仅了解了发生大灾时哪些数据对城市最有用处,还了解了哪些数据与市民关系最大,最能激励他们行动。对政策制定者来说,这也是一次深入技术的实验。工程师们来市议会做顾问,市议会也拜访了水务部门。

对于防灾工作的政治现实,我在新工作开始的时候就学到了第一课,实际上在我开始之前就学到了。根据美国地质勘探局和洛杉矶市之间达成的将我调到新岗位上的那项协议,我们先要将未来一年中计划解决的问题表述出来。这并不是像我之前想象的那样,需要制定一个综合的地震安全计划,而是要我们说清楚三项特定的工作,即对我们觉得脆弱的老建筑进行加固,守护城市的供水系统,还有加强我们的电信系统。这三项无疑都是需要解决的重大问题。但它们绝不是仅有的问题。到这时我才明白,我们不仅要在更广的范围内推进防灾事业,还要在推进过程中展示出具体的、可以衡量的成果。只有让外界看到我们的成果,我们才能获得确保项目顺利进行的政治支持。

我们的信息还要能激起恰当的情绪强度。之前的"振荡"已综合了几十年的研究,但是要激起人们的行动,我们还得把它讲成一个**故事**,要将关于圣安德烈斯地震的科学研究翻译成有形的现实。于是,在2008年发表"振荡"的研究成果时,我们拍摄了一部小电影作为它的摘要,还另外写了一个叙事文本(我们希望,对于公众来说,它要比科学论文更容易理解)。我们的故事从地震前的10分钟说起,到地震后的6个月结束。为了达成市长的目标,我对这两个版本都很重视。

我们决定找到故事中那些被迫出演的演员、那些蒙受巨大损失的人。我在10个月里召集并主持了130场公共会议。我会见的对象有建筑官员和房屋业主,结构工程师和土木工程师,公寓的所有者和租赁者,城市规划者和城市开发者等。我对这些人讲述了我们编写的地震故事,也听取了他们的反应、观点和建议。在我们的最终计划中,许多细节都来自那些参加了我们的会议并会受到我们计划影响的市民。他们不只是提供了宝贵的意见,对计划的成功也有重大贡献。

我还明白了要避免对概率的任何讨论。一场灾难**何时**会发生的问题总会有人问,它会激起我们的恐惧,使我们无法直面此事。灾难**"何时"**发生在概率上并不确定。身为科学家,我知道不确定性是重要的,想要说服我的同行接受某个结果,我就必须证明我已经对不确定性做了分析和考察。但政策制定者关心的不是**"何时"**,而是**"什么"**。他们的政策无法影响一场灾难何时发生,但绝对可以改变灾难的危害。于是,我强调说一场大震的可能性相当之高,它很快就会发生,值得我们做好准备。

我强调了大震的经济后果,而非它对生命的威胁。这么做同样是为了使人们免于恐惧,我们要提醒大家:他们迟早是要为地震掏钱的,不是震前就是震后,那为什么不干脆提前花钱避免损失呢?我们还强调了在地震面前的脆弱是大家共有的,如果有人决定不做准备,那就是增加了附近其他人遭罪的概率。

我们的意思传达出去了。2014年年底,市长公布了我们的计划,它名为"在设计中体现韧性"*(Resilience by Design)。这个计划是我在市政厅这一年的工作成果,它包含了18项建议,对应的是我们确定的三项首要工作,由我和市长的20位部下一同起草。这份计划并没有解决一切问题,但

* "韧性"的本意指回复到原始状态,这里指的是面对毁坏或冲击,快速应对、恢复、保持功能运转的能力,以及通过适应来更好地应对未来的灾害风险等。——译者

它显然是加州在通向地震安全之路上最大的一步。

这是市长的计划，计划里要放进什么，由他做最后的裁决。虽然我与他的合作十分紧密，我还是明白了一定要保持科学和政治之间的界线。要是科学家插手政策制定，我们就是在邀请政治家插手科研。我们的角色是向政治家提供信息，让他们做出明智决策，这样才是对合作成果更有力的维护。

计划的一些方面完全要由市长来实施。市里采取了广泛的措施保护市政供水系统。新的建设项目都要通过地震韧性的评估。市里还开展了几个工程，以保护将水源由内华达山脉经圣安德烈斯断层引入市内的水道，这条水道是1908年建造的，至今仍在用木质水管引水。市政府决心改用抗震管道将水引入住宅和商业设施中。现在有5个这样的试验项目已经安装就位。水务局正与消防局合作，为紧急消防用水开辟有韧性的后备水源。一个覆盖全市的太阳能Wi-Fi项目也在推进之中，当移动基站耗尽4个小时的后备电量之后，这套系统就可以顶上。

这些倡议中的许多条都需要市议会的推动。市议会提出了几条法令，内容包括翻新两类不可靠的建筑，为翻新工程提供贷款，并要求将来的移动基站按照更严格的抗震标准建造。协商将近一年，到2015年10月，这些法令都在市议会内全票通过了。市议会中的许多组织都是代表业主利益的，在平时肯定会激烈反对这类法令，但这一次他们都参与到了立法进程中来。当市长宣布结果时，他们也都和他站在一边。虽然这些业主需要支付全部费用，但我们说服了他们，如果不同意翻新将有更大的损失。或许更重要的一点是，他们已经明白了如果邻居不做翻新的话，他们将蒙受多大的损失。既然每个人都要尽到自己的责任，市里也要出钱改善供水系统，并且翻新市政建筑，那么这牺牲就是大家的牺牲了。在未来7—25年的时间里，有近2万座建筑将会得到翻新。

当巨型地震来临，我们合力完成的工作将会挽救生命，每想到这一点我都会感到惊奇。毕竟科研人员很少会看到自己的研究产生具体的成果。令我意外的是,加希提市长也和我有同感。"这是我这个政策制定者到今天为止最好的体验之一,"他告诉我,"我们做成的这件事这么复杂,获得经费也不容易,到最后竟没有遇到什么阻碍就做成了,从政府的角度看,我们推进的速度也是很快的。"

洛杉矶本地的周报《洛杉矶市区新闻》(*Los Angeles Downtown News*)在一篇社论中这样分析了我们这类计划的政治阻力:"如果巨型地震在短短几年之内就发生,那么加希提想要的那些最重要的改变就很可能来不及实施。如果一场大地震等到他卸任之后再发生,而那时本市已经做好了准备,那么功劳也不会算到他的头上。无论如何,这都说明加希提关注的是地震安全本身,因为这是对本市有益的事。"

他们说的一点不错。但是政治就是这么好玩而出人意料:加希提市长还是从这个项目中获得了收益。所有的新闻媒体都称赞了项目。虽然这绝不是加希提在第一个市长任期内参与的唯一活动,但他确实以81%的得票率赢得了连任。别的民选官员也注意到了他的政绩。眼下南加州政府联盟正在洛杉矶之外的191个成员城市中支持开展地震项目。在洛杉矶通过强制翻新法规后的两年里,圣莫尼卡和西好莱坞也跟着通过了相似的法律。当2017年的普埃布拉地震在墨西哥城震塌许多类似建筑之后,《洛杉矶时报》再次向读者们提起了加希提市长的勇敢举动,并鼓励更多城市加入他的行列。现在南加州已经有近40个城市开展了翻新项目。

南加州的这些举措,加上国内许多城市雇佣韧性总监的做法(他们中的许多人都受洛克菲勒基金会的"100个韧性城市"项目资助),还有联合国减少全球灾难风险的倡议,全都指向了更加广泛的防灾意识。过去10年,我们在世界各地都看到了这个趋势。在这股运动中,我们的科学知识(尤其是我们对超过人类记忆的时间跨度的理解)正在帮助我们克服自己根深蒂固的偏见。

作为一种文明,我们在历史中一向是怀着恐惧看待灾难的,因为它们的未知,也因为它们的不可预测。我们尝试在灾难中发现规律。我们根据各自的文化提出了解释,比如,把灾难说成是神在争吵、神在报复、天上的平衡被打破了,这些都让我们为某个事件赋予了意义。

随着我们的哲学和道德体系变得愈加成熟,我们开始困扰于这类解释中的逻辑矛盾:一位慈爱的神,怎么可能杀死我们当中最无辜的人呢?这时再要把火山喷发看作神明因为妻子外遇而大发脾气就不能服众了。我们转而依靠科学来解释自然世界,将这些事件放到它们的前因后果中去考察。这样一来,我们就把自然灾害看成了物理系统变化的结果。

随着我们对物理系统了解的加深,我们发现通过改进人类系统的设计,使其更好地与物理系统互动,就可以减少或者消除自然灾害的许多冲击。对泛滥平原的更好管理,能抵御强风或地震晃动的建筑,还有飓风和海啸的预警系统,都有助于保护生命并增强社区从灾难中恢复的能力。但是因为对灾难响应的片面关注,也使我们仍偏重支持消防员的工作,而忽略了城市规划师和建筑官员的意见。不过在我看来,就连这一点都开始改变了。2005年时,对卡特里娜飓风的即时新闻报道强调的都是社会秩序的崩溃,而到了2017年,对休斯敦哈维飓风的报道很快转向了休斯敦区划法的缺失以及这如何增加了破坏。

不过这些年的最大转向,还是人们超越了对于世界的狭隘观察。有史以来第一次,地球一边的一场灾难刺激了地球另一边的人民。远程通信使我们能直接体会他人的苦难,加深了我们与灾民的共情。我们的最终难题是将无论身处何方的灾民看作我们自己。在《扩大的圈层》(*The Expanding Circle*)一书中,哲学家辛格(Peter Singer)将人类物种的道德演化描绘成了一个不断扩大的圈子,这个圈子就是对于"我们"这个概念的定义。从自己到家人,再到部落和民族,最终推广至全人类,对于谁应该受到公正的对待和关怀,我们的定义始终在扩展。

2017年夏季,有三场飓风哈维、艾尔玛和玛丽亚袭击了美国。它们都是极端事件,都带来了严重后果,然而三者的影响并不相等。哈维飓风主要带来的是洪水,它在一场风暴中降下了美国前所未见的雨水,在得克萨斯的尼德兰和格罗夫斯两地水深都超过了60英寸(约1.5米)。遭遇破坏或摧毁的住宅远超10万座,它们大多数没有购买洪水保险。

两周后,艾尔玛飓风逼近佛罗里达。这场飓风范围极大,整个佛罗里达都遭受了暴雨和接近飓风风力的大风。当时在佛罗里达,大量信息都在敦促每一个人为严重风暴做好准备,反而没人在意风暴眼处的风力有多强大了。结果就是少数几个真的被风眼击中的地区遭受了极大的损失。最终,虽然损失重大,但佛罗里达还算幸运。暴风眼绕过了西海岸,使人口最稠密的地区避开了最强的风力。佛罗里达的居民自己或许并不觉得幸运,特别是那些失去家园的人。但风暴的最终足迹,加上佛罗里达的预先规划,保证了这场风灾没有发展成一场劫难。

一周后的波多黎各就没这么幸运了。在那里我们看到了一幅巨灾重创社会的景象。虽然玛丽亚飓风在最大风速和规模上都不及艾尔玛飓风,但它的风眼却穿过了整座岛屿,使波多黎各遭受的风力远远超过佛罗里达大部分地区。由于一周前的艾尔玛飓风已经造成了损失,再加上经济艰难、设施老化,波多黎各在很长一段时间内都丧失了现代社会的许多基本要素,许多人根本想象不到在现在这个时代,一个国家的受灾状态竟还能持续这么长久。

人们对于2017年这个反常飓风季的响应让我们有了谨慎乐观的理由。当初卡特里娜飓风发生之后,最早的报道全在责怪灾民,而对哈维飓风的报道就集中在社区是如何团结的,以及防水表面的无节制扩张是如何酿成这场灾难的了。休斯敦是一座多民族混居的城市,就像新奥尔良。显然它的救灾工作也受到了抢劫者的干扰。但这一次,关于无序状态的报道并没有成为主流。这鼓舞了我,使我产生了我们的共情圈子正在越变越大的希望。

而我之所以还要保持谨慎,是因为卡特里娜飓风时的洪水主要影响的是贫困街区,而哈维飓风则比较"平权",将贫困和富裕街区一概淹没。当你能够将自己看作难民时,本来就容易产生共情。美国人对玛丽亚飓风和波多黎各灾情的第一反应也显示,当灾民是不说英语的美国人时,共情来得就比较慢了。

共情是一个良好开端。但是作为个人,我们面临的一大难题是如何将共情转化为行动,即如何克服自然灾害激起的无力感。采取行动、掌握形势是化解恐惧的最佳方法。如果你已经读到了这里,那你或许想知道怎么做才能让自己的家庭和社区更好地抵御将来的风险。你不妨从下面几点着手:

**自我教育**。每个城市或镇子都面临某种形式的自然灾害。找出你的社区面临的风险,试着理性地确定其中最重大的一种。比如,地震的随机性和不确定性会激起强烈的恐惧,但是在你的社区,或许洪水才是更加突出的威胁。查查科学家是如何量化灾害的,但也要记住他们量化的是地球会做什么,而不是地球会**对你做什么**。你可以先去看看国家海洋与大气管理局提供的气象灾害资料,还有美国地质勘探局的地质灾害资料。

你也很有必要衡量你的社区可能面临的实际损失。这类损失大部分是可以避免的。联邦应急管理署的资料描述了针对各种灾害的减灾策略(即预防损失的途径)。你所在的地方、县或州一级的应急服务机构很可能也有你这个地区的灾害信息和减灾信息。他们建议的行动可能需要你提前花一笔钱,但你的付出几乎肯定可以让你在长期省下更多的钱。

**不要以为全靠政府就行了**。要保证你的独栋、公寓或办公场所的坚固性和安全性,不能依靠政府。原因有三个:第一,政府通过建筑法规不是为了保护你的经济利益。他们的底线是你可以随心所欲地草率投资,但是你不能在这个过程中造成自己或他人的死亡。第二,你的房子遵循的建筑法规是它落成时候的建筑法规。假如你拥有一座美丽的维多利亚时期住宅,那么它建成的时候是没有**任何**建筑法规的。第三,要让建筑法规生效,就得有人实施。如果建筑部门人手不足,它也无法保护你。

如果你拥有了一座建筑,你就有责任弄清它面临的风险,弄清它是不是有抵御这些风险的准备。如果你拥有的是一座大型建筑的话,你就要咨询一位地基专家或一位结构工程师,搞清楚要花多少钱来加固它。如果你是租客,那就和房东或其他租客谈谈。你可能只要付出区区500美元就可以收获满满,原本灾难中会面临的重大损失或全面损失,现在只是稍微有点破损罢了。

**联系当地的领袖。**一个社区最重要的行动,许多是由当地政府采取的,就像我们在洛杉矶看到的那样。但是民选的官员只能做到他们的选民敦促的事情。如果你想要更加严格的建筑法规,保护泛滥平原,或是投资建设安全的基础设施,你就应该让自己的众议员知道。

当你这样做时,要记住预防性的行动不应该用来终止进行中的物理过程,而是要适应它。试图停止河水的流动或沉积终究会失败。现在还没有什么机制可以阻止地震,将来也绝不会有。但一个城市决定将基础设施建造得尽量坚固(而不仅仅是满足现行法律的要求),是可以挽救生命的。我们最应该问的是:"什么样的结果是绝对不能接受的? 我们要怎么做才能预防这个结果?"

**与你的社区一起努力。**不要忘了真正受到威胁的是什么。你个人十有八九能在灾害中幸存。即便是在庞贝,也有90%的居民成功逃脱。真正受到威胁的是社区,是整个社会。我们知道,损坏会发生在一个社会原本已经薄弱的地方。一个社区,如果人们彼此熟悉、彼此关心,就能挺过灾难。而一个社区如果内部分裂,居民的防灾观念就是采购枪支或者加固地堡,那它就危险了。正所谓怕什么就会来什么:你把邻居当作潜在的敌人对待,你就会把他逼成敌人,这么做就是在促成你社区的溃散。

当大灾尘埃落定,灾后的几个月到几年,正是衡量一个社区的品质,并验证其前途的时候。有些社区会像灾前一样繁荣,因为它们的成员会为了他人的利益牺牲自我。斯泰因格里姆松自身蒙受了巨大的痛苦和损失,却仍将他的社区团结了起来。德卡瓦略鼓舞他的国王和臣民们重建里斯本,使他们没有被悲伤和绝望压倒。在日本,佐原真纪跳出了主妇圈子,帮助福岛的母亲们克服对于辐射的恐惧。神谷澪也抛下从前的生活,带着新家大槌町走向了居民们梦想的未来。指引我们走向恢复的,不仅仅是民选的政治领袖。

**要记住,灾害不仅限于灾害发生的时刻。**要想有效地控制灾害,无论社区还是个人都必须注意三个时间段:灾害发生前,我们必须充分地建造和翻新我们的建筑,将损坏的可能降到最低。灾害发生时,我们必须有效应对,挽救生命。灾害发生后,整个社区必须团结起来,开展恢复。要明白这三个阶段同等重要。要对"准备"的定义加以扩展,不能只是**为灾害响应做准备**。

这件事要和你的邻居朋友们一起去做。一间教堂或清真寺如果在灾前做了规划,加固了建筑,组织了信徒,那么它就可以在灾后成为整个社区恢复重建的核心。

**要自己思考。**正是对既有建筑方案的过度依赖和过度信任,才使得大槌町议会在东日本地震之后仍留在海塘后面开会,最后被海啸吞没。他们没有对自己负责,而是将生命交到了不知何许人的科学家手中。其他人可以给你信息,你可以也应该尽量理解这些信息。但最终,采取行动的还得是你本人。

自然灾害正变得越来越常见。我们已经知道,海洋和大气中的热量是驱动极端风暴的基本力量,看目前的趋势,各类灾害的数量会更多且分布会更广。更重要的一点是,我们的城市正不断扩张,城市生活变得愈加复杂。城市的居民们特别仰仗复杂的供应链为他们送去食物、提供水源、治理污物和保证电力,我们生活的方方面面也越来越依赖于移动电话和互联网。在这样的环境中,容易受灾的人群数量急速增长。20世纪初,只有14%的世界人口居于城市,而今天地球上的半数人口都在城市中生活了,总数已接近40亿。这些城市许多都建在海滨,在飓风肆虐的区域,在断层附近,或者在火山脚下。

我们必须接受一点:一场灾害发生的时间肯定是随机的。我们也许永远无法预测下一次大灾会在**何时**发生。

人类会在自己的一切行为中寻找意义。表面上看,这关乎自我的保存。它鼓舞我们发现规律,并预见将来的威胁。但是在更深的层面上,它又揭示了我们渴望自己的行为能有好的结果。我们要明白,对意义的追寻会使我们疑惑如此这般的事件**为什么**会落到我们头上,但其实这种疑惑完全可以替换成另外一个问题:"我要和邻居们一起做些什么,才能预防灾难并从灾难中恢复?"

未来大部分是不可知的。我们可以发现规律、评估可能,但时间的行进只有一个方向。我们无法知道在自己的一生当中,地球上众多城市中的哪一个会遭遇大灾。但是我们可以肯定,某个地方**一定会**发生这样一次灾害。

当这样的灾害真的发生,在这样一个彼此联系的世界上生活的我们都会参与救灾。当灾情从手机和电脑中传来,我们会分担灾民的痛苦。我们的心中难免涌起责备他们的冲动,会想知道他们做了什么才会遭此不幸。我们还会试着论证自己不会遭遇同样的厄运。换句话说,我们都会感受因随机性而产生的恐惧。但是我们也可以认清自己和他人的这些冲动,并主动超越它们。我们可以认清自己对灾害根深蒂固的本能反应,我们可以抑制这些反应,并调动内心巨大的共情,唤起帮助他人的意愿。

我们可以用已经掌握的知识帮助那些受灾最深的人,并预防将来灾害的破坏。自然灾害会将所有人打倒,但只要所有人团结,我们就能重新站立起来。

# 致 谢

这本书是笔者一生中和许多不同群体交往的成果,他们人数太多,不胜枚举,我只好感谢其中帮助最大的几位,希望其余各位能够谅解。先要感谢的是我的经纪人蔡斯(Farley Chase),是他找到了我,说服我尝试写作,并帮助我发现了科学中的故事。我还要感谢在道尔布迪出版社的我的编辑索哈(Yaniv Soha),感谢他对我的出色指引,是他帮助我打破了科学家的思维定式,并发现了我的叙事才能。我也谢谢他的助理波特(Sarah Porter)的鼓励。

这本书的种子是由两位学者播下的。感谢我在布朗大学的汉语教授雷恩(Jimmy Wrenn),在我接触地震学并找到毕生的工作方向之后,他向我介绍了中国古代典籍中对于自然灾害的描写。牛津大学三一学院雷吉乌斯讲座教授亚当斯(Marilyn McCord Adams)是一位英国国教牧师,也是我母亲的密友,她帮我理解了犹太－基督教传统中对于自然灾害的观念演化。

我的许多朋友和同事也促成了我对自然灾害的理解。我丈夫豪克松(Egill Hauksson)和他在冰岛的家人与我分享了他们丰富的传统。维茨(Alexandra Witze)向我介绍了她对冰岛火山史的研究。舒尔特斯(Mike Shulters)帮我理解了加州洪水期间科学和社会的相互作用,霍姆斯(Bob Holmes)教给了我关于水文地理学和密西西比河的许多知识。莫尔纳(Peter Molnar)把我弄到了中国,中国的许多朋友都与我分享了他们的经历。克里·西(Kerry Sieh)和加利茨卡(John Galetzka)不仅帮我理解了印度尼西亚的构造板块,还向我介绍了野外地质学家的思考和工作方式。我对防灾工作社会方面的理解来自我在洛杉矶市长办公室的非凡经历，也来自这个过程的许多参与者，特别是德克尔（Eileen Decker）、马克思（Peter Marx）和彼德森（Matt Petersen）。

这个故事少了我的一众朋友和同行就不会完整，感谢他们与我分享他们的私人经历，尤其是多尼尔·戴维斯（Donyelle Davis）、安德烈亚斯·戴维斯（Andreas Davis）、奥斯比（Daryl Osby）、乔丹（Tom Jordan）、佐原真纪（Maki Sahara）、石本惠（Megumi Ishimoto）、斯蒂尔（Jackie Steele）、神谷澪（Mio Kamitani）和加希提（Eric Garcetti）。

我在事业上最应该感谢那些与我一起开创美国地质勘探局多灾害示范项目的同行，他们是考克斯（Dale Cox）、佩里（Sue Perry）和阿普尔盖特（Dave Applegate），还有那些和我一起成立露西·琼斯科学和技术中心以协助政策制定者运用灾害科学的人：布瓦里（John Bwarie）、郎（Kate Long）和皮尔斯（Ines Pearce）。

我最要感谢的人是我的丈夫，过去37年来，他陪伴我的生活、辅助我的事业，他一直是我人生的基石。

# 注　释

## 引言　想象一个没有洛杉矶的美国

004　开展了一个名为"振荡"(ShakeOut)的研究项目：Jones et al., *ShakeOut Scenario*。

008　一场6.2级地震袭击了新西兰基督城：见新西兰议会的报告，Parliamentary Library Research Paper, Economic Effects of the Canterbury Earthquakes (December 2011), https://www.parliament.nz/en/pb/research-papers/document/00PlibCIP051/economic-effects-of-the-canterbury-earthquakes。

008　我们在南加州开展过一个项目：Lucy Jones, Richard Bernknopf, Susan Cannon, Dale A. Cox, Len Gaydos, Jon Keeley, Monica Kohler, et al., *Increasing Resiliency to Natural Hazards—A Strategic Plan for the Multi‐Hazards Demonstration Project in Southern California*, U.S. Geological Survey Open-file Report 2007—1255, 2007, http://pubs.er.usgs.gov/publication/ofr20071255。

## 第一章　硫黄和火焰从天而降

013　已知的第一个运用了双关语的品牌就来自庞贝：John Day, "Agriculture in the Life of Pompeii," in *Yale Classical Studies*, vol. 3, ed. Austin Harmon (New Haven, CT: Yale University Press, 1932), 167—208。

015　老普林尼出版了他的37卷著作《博物志》(*Naturalis Historiae*)：Pliny the Elder, *Complete Works*, trans. John Bostock (Hastings, East Sussex, UK: Delphi Publishing, Ltd., 2015)。

016　"最确切的描述是将它比作一棵松树"：Pliny the Younger, *Letters*。

017　老普林尼却回复"好运钟情勇者"：Pliny the Younger, *Letters*。

019　"许多人乞求神的援助"：Pliny the Younger, *Letters*。

020　它们的温度也很高：U.S. Geological Survey, "Pyroclastic Flows Move Fast and Destroy Everything in Their Path," https://volcanoes.usgs.gov/vhp/pyroclastic_flows.html。

022　圣奥古斯丁(St. Augustine)提出了一套调和这种两难的理论：Augustine, *Confessions*, trans. H. Chadwick (Oxford: Oxford University Press, 1991)。

022　圣托马斯·阿奎那(St. Thomas Aquinas)又对它做了引申：St. Thomas Aquinas, *The Summa Theologica*, trans. Fathers of the English Dominican Province (New

York: Benziger Bros., 1947）。

### 第二章　埋葬死者，喂饱活人

025　"德卡瓦略相貌俊朗"：H. Morse Stephens, *The Story of Portugal*（London: T. Fisher Unwin, 1891）, 355。

026　"在这些事务中，他为自己的技能、智慧、正直与亲和提供了大量证据"：John Smith Athelstane, Conde da Carnota, *The Marquis of Pombal*（London: Longmans, Green, Reader and Dyer, 1871）, 28。

028　"我用来写字的书桌开始微微轻颤"：Fordham University, "Modern History Sourcebook: Rev. Charles Davy: The Earthquake at Lisbon, 1755," https://sourcebooks. fordham. edu/mod/1755lisbonquake. asp. From Eva March Tappan, ed., *The World's Story: A History of the World in Story, Song, and Art*, vol. 5, *Italy, France, Spain, and Portugal*（Boston: Houghton Mifflin, 1914）, 618—628。

033　"从那一天起，引起我们苦难的责任就彻底落到了我们自己身上"：Judith Shklar, *Faces of Injustice*（New Haven, CT: Yale University Press, 1990）, 51。

033　"开启了自然之恶和道德之恶的现代区分"：Susan Neiman, *Evil in Modern Thought*（Princeton, NJ: Princeton University Press, 2004）, 39。

033　然而里斯本地震并不是一股普遍的世俗化力量：尼克尔斯（Ryan Nichols）对当时的对立观点做了分析，见"Re-evaluating the Effects of the 1755 Lisbon Earthquake on Eighteenth-Century Minds: How Cognitive Science of Religion Improves Intellectual History with Hypothesis Testing Methods," *Journal of the American Academy of Religion* 82, no. 4（December 2014）: 970—1009。

034　"那些年幼的心灵怀着怎样的罪怎样的恶"：Voltaire（François-Marie Arouet）, "Poem on the Lisbon Disaster," in *Selected Works of Voltaire*, trans. Joseph McCabe（London: Watts, 1948）, https://en. wikisource. org/wiki/Toleration_and_other_essays/Poem_on_the_Lisbon_Disaster。

036　马拉格里达（Gabriel Malagrida）神父：Kenneth Maxwell, "The Jesuit and the Jew," *ReVista: Harvard Review of Latin America*, "Natural Diasters: Coping with Calamity"（Winter 2007）. https://revista.drclas.harvard.edu/book/jesuit-and-jew。

036　"当地震摧毁了里斯本四分之三的面积后"：Voltaire（Francoise-Marie Arouet）, *Candide*（New York: Boni and Liveright, Inc., 1918）, http://www.gutenberg.org/files/19942/19942-h/19942-h.htm。

036　"对葡萄牙近来的消息我们应该做何评论？"：John Wesley, *Serious Thoughts Occasioned by the Late Earthquake at Lisbon*（Dublin, 1756）。

### 第三章　最大的浩劫

040　根据爱尔兰传说，"航海者"圣布伦丹（St. Brendan the Navigator）：Katherine Scherman, *Daughter of Fire: A Portrait of Iceland* (Boston: Little, Brown and Co., 1976), 71。

045 "在过去的一周,加上之前的两周":Jon Steingrimsson, *Fires of the Earth: The Laki Eruption, 1783—1784*, trans. Keneva Kunz (Reykjavík: University of Iceland Press, 1998)。

046 "以虔诚的正心向上帝祈祷":Alexandra Witze and Jeff Kanipe, *Island on Fire* (New York: Penguin Books, 2014), 87。

047 直到今天,冰岛农民还会在户外放一碗水:Witze and Kanipe, *Island on Fire*, 174。

049 "这个国家有太多人因为发热而病倒":Witze and Kanipe, *Island on Fire*, 120。

## 第四章　我们忘记了什么

055 当加利福尼亚在1848年的美墨战争中输给美国时:Sherburne F. Cook, *The Population of the California Indians, 1769—1970* (Berkeley: University of California Press, 1976)。

056 州议会立刻砍掉他的经费:A Brief History of the California Geological Survey, http://www.conservation.ca.gov/cgs/cgs_history。

058 "从11月6日的第一场阵雨开始到1月18日":William H. Brewer, *Up and Down California in 1860—1864*, ed. Francis Farquhar (New Haven, CT: Yale University Press, 1930), book 3, chapter 1。

058 南加州的数据比北加州更少:W. L. Taylor and R. W. Taylor, *The Great California Flood of 1862* (The Fortnightly Club of Redlands, California, 2007), http://www.redlandsfortnightly.org/papers/Taylor06.htm。

061 布鲁尔和《纽约时报》都报道了州内人口的下降:Brewer, *Up and Down California*, book 4, chapter 8。

061 布鲁尔和《纽约时报》都报道了州内人口的下降:"Decrease of Population in California," *New York Times*, October 17, 1863, http://www.nytimes.com/1863/10/17/news/decrease-of-population-in-california.html。

## 第五章　寻找断层

069 根据日本神话,地震的祸首是埋伏于地下的一条黑色大鲶鱼:David Bressan, "Namazu the Earthshaker," *Scientific American*, March 10, 2012, https://blogs.scientificamerican.com/history-of-geology/namazu-the-earthshaker/。

070 在中国战国时期:Joseph Needham, *Science and Civilisation in China*, vol. 2, *History of Scientific Thought* (Cambridge: Cambridge University Press, 1956)。

070 董仲舒的著作《春秋繁露》描绘了这样一个世界:Haiming Wen, *Chinese*

*Philosophy*（Cambridge: Cambridge University Press, 2010）, 71。

071　这些观念被日本文化全盘吸收：W. T. De Bary, *Sources of Japanese Tradition*, vol. 1（New York: Columbia University Press, 2001）, 68。

071　"上天的道德原则和政府表现之间的差异变大时"：Gregory Smits, "Shaking Up Japan," in *Journal of Social History*（Summer 2006）: 1045—1078。

073　像这样的俯冲带发生地震的概率是最高的：Cliff Frohlich and Laura Reiser Wetzel, "Comparison of Seismic Moment Release Rates Along Different Types of Plate Boundaries," *Geophysics Journal International* 171, no. 2（2007）: 909—920。

079　当他所处的建筑摇摇欲坠：Joshua Hammer, *Yokohama Burning*（New York: Simon and Schuster 2006）, 86。

080　平民借其抨击政府：Smits, "Shaking Up Japan。"

082　"暴徒把孩子们在父母面前一字排开"：Sonia Ryand "The Great Kanto Earthquake and the Massacre of Koreans in 1923: Notes on Japan's Modern National Sovereignty," *Anthropological Quarterly* 76, no. 4（Autumn 2003）:731—748。

## 第六章　当河堤垮塌

086　德拉维加（Inca Garailaso de la Vega）写下了西班牙探险者：De la Vega, *L'Inca Garcilaso, Historia de la Florida*（Paris: Chez Jean Musier Libraire, 1711）, http://international. loc. gov/cgi - bin/query/r? intldl/ascfrbib: @OR（@field（NUMBER+ @od2（rbfr+1002）））。

089　历史学家巴里（John Barry）在他的著作《水位上涨》（*Rising Tide*）中：John Barry, *Rising Tide: The Great Mississippi Flood of 1927 and How It Changed America*（New York: Simon and Schuster, 2007）, 547。

089　虽然他自己也在报告中写到了这样不切实际：A. A. Humphries and Henry L. Abbot, "Report upon the physics and hydraulics of the Mississippi River; upon the protection of the alluvial region against overflow: and upon the deepening of the mouths: based upon surveys and investigations ade under the acts of Congress directing the topographical and hydrographical survey of the delta of the Mississippi River, with such investigations as might lead to determine the most practicable plan for securing it from inundation, and the best mode of deepening the channels at the mouths of the river"（Washington, DC: Government Printing Office, 1867）, https:// catalog.hathitrust.org/Record/001514788。

090　"密西西比河总有它自己的脾气"：Mark Twain（Samuel Clemens）, *Life on the Mississippi*（Boston: James R. Osgood and Co., 1883）。

090　首先，密西西比河很深：J. D. Rodgers, "Development of the New Orleans Flood Protection System Prior to Hurricane Katrina," *in Journal of Geotechnical and Geoenvironmental Engineering* 134, no. 5（May 2008）。

093 "你不必有预知未来的能力,也不必有生动的想象力,就能够看得出密西西比河下游会在来年春天发生一场大洪水":U.S. Army Corps of Engineers, *Annual Report of the Chief of Engineers for 1926* (Washington, DC, 1926), 1793。

095 一个半官方委员会成立了:Kevin Kosar, *Disaster Response and Appointment of a Recovery Czar: The Executive Branch's Response to the Flood of 1927*, CRS Report for Congress, Congressional Research Service, October 25, 2005, https://fas.org/sgp/crs/misc/RL33126.pdf。

096 "很可能任何人都用不完了":George H. Nash, *The Life of Herbert Hoover*, vol. 1, *The Engineer, 1874—1914* (New York: W. W. Norton and Company, 1996), 292—293。

096 1927年年初,大多报刊文章在推测明年可能的总统候选人时根本就没提他:Barry, *Rising Tide*, 270。

096 即便提到也只说共和党建制派是如何的厌恶他:如 Alfred Holman, "Coolidge Popular on Pacific Coast," *New York Times*, February 27, 1927。

096 "我在宪法里找不到这样挪用经费的依据":"Veto of the Texas Seed Bill," Daily Articles by the Mises Institute, August 20, 2009, https://mises.org/library/veto-texas-seed-bill。

096 "援助免费发放":Calvin Coolidge, "Speeches as President (1923—1929): Annual Address to the American Red Cross, 1926," archived by the Calvin Coolidge Presidential Foundation, https://coolidgefoundation.org/resources/speeches-as-president-1923-1929-17/。

097 有一个黑人因为尝试将食物带回营地而被射杀:Winston Harrington, "Use Troops in Flood Area to Imprison Farm Hands," *Chicago Defender*, May 7, 1927.

098 "随你的心意修改或者添加":*Barry, Rising Tide*, 382。

098 它只记载了一些较小的恶行:American National Red Cross, Colored Advisory Committee, *The Final Report of the Colored Advisory Commission Appointed to Cooperate with the American National Red Cross and President's Committee on Relief Work in the Mississippi Valley Flood Disaster of 1927* (American Red Cross, 1929)。

100 "我们一直不知道红十字会是应该帮助我们的":"Flood Victim Exposes Acts of Red Cross," *Chicago Defender*, October 15, 1927。

## 第七章 群星失谐

104 1975年,有两个人在一篇开创性的论文中提出了初步答案:Peter Molnar and Paul Tapponier, "Cenozoic Tectonics of Asia: Effects of a Continental Collision," *Science* 189, no. 420 (August 8, 1975): 419—426。

107 这个级别的地震可不常见:Wang et al., "Predicting the 1975 Haicheng Earthquake。"

107 但这些行为的高峰都出现在周六下午：Q. D. Deng, P. Jiang, L. M. Jones, and P. Molnar, "A Preliminary Analysis of Reported Changes in Ground Water and Anomalous Animal Behavior Before the 4 February 1975 Haicheng Earthquake," in *Earthquake Prediction: An International Review*, Maurice Ewing Series, vol. 4, ed. D. W. Simpson and P. G. Richards (Washington, DC: American Geophysical Union, 1981), 543—565。

108 许多人不等政府的消息就自行开始撤离：Wang et al., "Predicting the 1975 Haicheng Earthquake," 770。

108 最终的统计显示：Wang et al., "Predicting the 1975 Haicheng Earthquake," 779。

## 第八章 漫无边际的灾难

115 整条断层的开裂足足持续了9分钟：Z. Duputel, L. Rivera, H. Kanamori, and G. W. Hayes, "Phase Source Inversion for Moderate to Large Earthquakes (1990—2010)," *Geophysical Journal International* 189, no. 2（2012）: 1125—1147。

118 拥有10万人口的鲁佩（Leupeung）市同样位于亚齐省西岸：James Meek, "From One End to Another, Leupueng Has Vanished as If It Never Existed," *Guardian*, December 31, 2004, https://www.theguardian.com/world/2005/jan/01/tsunami2004.jamesmeek。

118 最北的一座岛屿只有5—10英尺（约1.5—3米）：Betwa Sharma, "Remembering the 2004 Tsunami," *Huffington Post India*, December 26, 2014, http://www.huffingtonpost.in/2014/12/26/tsunami_n_6380984.html。

122 这些海报用英语：K. Sieh, "Sumatran Megathrust Earthquakes: From Science to Saving Lives," *Philosophical Transactions of the Royal Society of London* 364（2006）: 1947—1963。

## 第九章 败局研究

129 不过得到命名的风暴最多：Hurricane Research Division, National Oceanic and Atmospheric Administration, "Frequently Asked Questions," http://www.aoml.noaa.gov/hrd/tcfaq/E11.html。

129 这进一步巩固了1927年抗洪的成果：David Woolner, "FDR and the New Deal Response to an Environmental Catastrophe," *The Blog of the Roosevelt Institute*, June 3, 2010, http://rooseveltinstitute.org/fdr-and-new-deal-response-environmental-catastrophe/。

131 他们称之为"帕姆飓风"：Madhu Beriwal, "Hurricanes Pam and Katrina: A Lesson in Disaster Planning," *Natural Hazards Observer*, November 2, 2005。

131 无论如何，新奥尔良市都具有特殊的地位：Robert Giegengack and Kenneth R. Foster, "Physical Constraints on Reconstructing New Orleans," in *Rebuilding Ur-*

*ban Places After Disaster*, ed. E. L. Birch and S. M. Wachter(Philadelphia：University of Pennsylvania Press, 2006), 13—32。

132 这种相互作用的结果就是密西西比河不断上升：American Society of Civil Engineers Hurricane Katrina External Review Panel, *The New Orleans Hurricane Protection System: What Went Wrong and Why* (American Society of Civil Engineers, May 1, 2007)。

132 5个演习日已经完成了4个：Beriwal, "Hurricanes Pam and Katrina: A Lesson in Disaster Planning."

132 飓风造成的许多社会和工程后果也都被预测得很准确：Madhu Beriwal, "Preparing for a Catastrophe: The Hurricane Pam Exercise," statement before the Senate Homeland Security and Governmental Affairs Committee, January 24, 2006, https://www.hsgac.senate.gov/download/012406beriwal。

132 "这是一场几种灾难叠加的'完美风暴'"："Chertoff: Katrina Scenario Did Not Exist," *CNN*, September 5, 2005, http://www.cnn.com/2005/US/09/03/katrina.chertoff/。

134 当时的风暴潮高达28英尺（约8.5米）：R. Knabb, J. Rhome, and D. Brown, *Tropical Cyclone Report: Hurricane Katrina 23—30 August 2005* (Miami: National Hurricane Center, 2006), available at www.nhc.noaa。

134 密西西比州的经济损失合计超过1250亿美元：Sun Herald Editorial Board, "Mississippi's Invisible Coast," *Sun Herald* (Mississippi), December 14, 2005, http://www.sunherald.com/news/local/hurricane-katrina/article36463467.html。

135 在飓风登陆后的几个小时里：The White House, "The Federal Response to Hurricane Katrina: Lessons Learned," https://georgewbush - whitehouse. archives. gov/reports/katrina-lessons-learned/index.html。

136 他们认定了这地方无法居住：U.S. Department of Health and Human Services, "Secretary's Operations Center Flash Report #6," August 30, 2005, quoted in The White House, "The Federal Response to Hurricane Katrina: Lessons Learned," https://georgewbush-whitehouse.archives.gov/reports/katrina-lessons-learned/index.html。

136 "我们在地板上尿尿"：Scott Gold, "Trapped in an Arena of Suffering," *Los Angeles Times*, September 1, 2005, http://articles.latimes.com/2005/sep/01/nation/na-superdome1/。

136 路易斯安那州报告了1464名遇难者：Carl Bialik, "We Still Don't Know How Many People Died Because of Katrina," *FiveThirtyEight*, August 26, 2015, https://fivethirtyeight.com/features/we-still-dont-know-how-many-people-died-because-of-katrina/。

137 在飓风过后的第一个月里，美国红十字会："Despite Huge Katrina Relief, Red Cross Criticized," *NBC News*, September 28, 2005, http://www.nbcnews.com/id/

9518677/ns/us_news-katrina_the_long_road_back/t/despite-huge-katrina-relief-red-cross-criticized/#.WWLCzdNuIkg。

137 在2006年的一份两党委员会报告中:Select Bipartisan Committee to Investigate the Preparation for and Response to Hurricane Katrina, *A Failure of Initiative*, 109th Congress, Report 109—377, February 15, 2006, http://www. congress. gov/109/crpt/hrpt377/CRPT-109hrpt377.pdf。

137 飓风过后的分析显示:United States Senate, Committee on Home land Security and Governmental Affairs, *Hurricane Katrina: A Nation Still Unprepared*, 109th Congress, Session 2, Special Report 109—322, U. S. Government Printing Office, 2006, https://www.hsgac.senate.gov/download/s-rpt-109-322_hurricane-katrina-a-nation-still-unprepared。

138 "一个典型的案例是官员们设想了最坏的情况":Russel L. Honoré, *Survival*(New York: Atria Books, 2009), 103。

138 市政府不知道如何启用国家应急指挥系统:Interview with Daryl Osby, Los Angeles County fire chief, May 8, 2017。

138 布兰科州长不明白联邦和州里的资源要如何协调:Spencer Hsu, Joby Warrick, and Rob Stein, "Documents Highlight Bush-Blanco Standoff," *Washington Post*, December 4, 2005, http://www.washingtonpost.com/wp-dyn/content/article/2005/12/04/AR2005120400963.html。

139 在飓风受到广泛关注之后:"New Orleans Police Fire 51 for Desertion," *NBC News*, October 31, 2005, http://www.nbcnews.com/id/9855340/ns/us_news-katrina_the_long_road_back/t/new-orleans-police-fie-desertion/#.WTxrBBP1Akh。

139 司法部对新奥尔良警局在飓风后的表现开展了一项调查:United States Department of Justice Civil Rights Division, *Investigation of the New Orleans Police Department*, March 16, 2011. https://www.justice.gov/sites/default/files/crt/legacy/2011/03/17/nopd_report.pdf。

139 纳金市长在2010年离职:Campbell Robertson, "Nagin Guilty of 20 Counts of Bribery and Fraud," *New York Times*, February 13, 2014, https://www.nytimes.com/2014/02/13/us/nagin-corruption-verdict.html。

139 但2013年的一项调查显示:Jeff Zeleny, "$700 million in Katrina Relief Missing," *ABC News*, April 3, 2013, http://abcnews.go.com/Politics/700-million-katrina-relief-funds-missing-report-shows/story?id=18870482。

140 "新奥尔良陷入混乱,暴徒趁机抢劫":"Looters Take Advantage of New Orleans Mess," *NBC News*, August 30, 2005, http://www.nbcnews.com /id/9131493/ns/us_news-katrina_the_long_road_back/t/looters-take-advantage-new-orleans-mess/。

140 "救灾人员遭遇'城市战场'":"Relief Workers Confront 'Urban Warfare,'" *CNN*, September 1, 2005, http://www.cnn.com/2005/WEATHER/09/01/katrina.impact/。

140　按陆军中将奥诺雷的说法：Honoré, *Survival*, 16。

141　微软全国广播公司的一则报道显示新奥尔良执法部门也参与了"抢劫"："New Orleans Police Officers Cleared of Looting," *NBC News*, March 20, 2006, http://www.nbcnews.com/id/11920811/ns/us_news-katrina_the_long_road_back/t/new-orleans-police-officers-cleared-looting/#.WVlTPhP1Akg。

141　"一幅更加清晰的真相正在浮现出来"：Trymaine Lee, "Rumor to Fact in Tales of Post-Katrina Violence," *New York Times*, August 26, 2010, http://www.nytimes.com/2010/08/27/us/27racial.html。

141　令人恐惧的是，仿佛近100年前的密西西比洪水重现：John Burnett, "Evacuees Were Turned Away from Gretna, LA," *National Public Radio*, September 20, 2005, http://www.npr.org/templates/story/story.php?storyId=4855611。

141　"这街上只要出现比棕色纸袋子颜色更深的东西"：Lee, "Rumor to Fact in Tales of Post-Katrina Violence."

141　对他的审判数次延后：John Simerman, "Nine Years Later, Katrina Shooting Case Delayed Indefin tely," *New Orleans Advocate*, August 14, 2014, http://www.theadvocate.com/new_orleans/news/article_736270ed-87ff58fa-afa4-9b14702854ec.html。

141　在丹齐格桥上："Danziger Bridge Officers Sentenced: 7 to 12 Years for Shooters, Cop in Cover-up Gets 3," *Times-Picayune* (New Orleans), April 21, 2016, http://www.nola.com/crime/index.ssf/2016/04/danziger_bridge_officers_sente.html。

## 第十章　审判灾难

144　"我确信刮风是地震的原因"：Pliny the Elder, *Complete Works*, trans. John Bostock (Hastings, East Sussex, UK: Delphi Publishing, Ltd., 2015), chapter 81。

144　"我在研究中发现，阿尔卑斯山脉和亚平宁山脉经常地震"：Pliny the Elder, *Complete Works*, chapter 82。

145　位于罗马的国家地球物理及火山学研究所做过一项研究：P. Gasperini, B. Lolli, and G. Vannucci, "Relative Frequencies of Seismic Main Shocks After Strong Shocks in Italy," *Geophysics Journal International* 207 (October 1, 2016): 150—159。

149　2009年的这一串地震从1月持续到了二三月：International Commission on Earthquake Forecasting for Civil Protection, "Operational Earthquake Forecasting, State of Knowledge and Guidelines for Utilization," *Annals of Geophysics* 54, no. 4 (2011)。

150　这次朱利亚尼说，地震集群是本地区的"正常现象"：Richard A. Kerr, "After the Quake, in Search of the Science—or Even a Good Prediction," *Science* 324, no. 5925 (April 17, 2009): 322。

150　装着扩音器的卡车在城里行驶：Thomas Jordan, "Lessons of L'Aquila, for Operational Earthquake Forecasting," *Seismological Research Letters* 84, no. 1 (2013)。

151 "发生100次4级轻震要比一片寂静好":Jordan, "Lessons of L'Aquila," 5。

152 有一位科学家说,他是回到罗马后才知道有这么一次发布会的:Stephen Hall, "Scientists on Trial: At Fault?" *Nature* 477（September 14, 2011）: 264—269。

152 "我父亲很怕地震":Hall, "Scientists on Trial: At Fault?"

153 政府建起难民中心:John Hooper, "Pope Visits Italian Village Hit Hardest by Earthquake," *Guardian*, April 28, 2009。

154 "因为朱利亚尼先前预测的干扰":Jordan, "Lessons of L'Aquila。"

154 在接下来的3年里,官司又打到了两个上诉法庭:Edwin Cartlidge, "Italy's Supreme Court Clears L'Aquila Earthquake Scientists for Good," *Science Magazine*, November 20, 2015, http://www.sciencemag.org/news/2015/11/tialy-s-supreme-court-clears-l-aquila-earthquake-scientists-good。

## 第十一章 无福之岛

165 那一段的潮位仪也都被极高的海浪冲毁了:Japanese Meteorological Agency, *Lessons Learned from the Tsunami Disaster Caused by the 2011 Great East Japan Earthquake and Improvements in JMA's Tsunami Warning System*, October 2013, http://www.data.jma.go.jp/svd/eqev/data/en/tsunami/LessonsLearned_Improvements_brochure.pdf。

167 电站建在了海平面上方33英尺（约10米）处:World Nuclear Association, *Fukushima Accident*, updated April 2017, http://www.world-nuclear.org/information-library/safety-and-security/safety-of-plants/fukushima-accident.aspx。

168 接着1号机组中熔化的燃料引发爆炸:*Scientific American*, "Fukushima Timeline," https://www.scientificamerican.com/media/multimedia/0312-fukushima-timeline/。

169 政府警告说另外几个反应堆也有爆炸的可能:"Timeline: Japan Power Plant Crisis," BBC, March 13, 2011. http://www.bbc.com/news/science-environment-12722719。

170 两周以后,即便在南方150英里（约241千米）之遥的东京,自来水中的辐射量:*Scientific American*, "Fukushima Timeline。"

170 在海啸后最初的几个月里,有多达20万人走上城市的街头:Mizuho Aoki, "Down but Not Out: Japan's Anti-nuclear Movement Fights to Regain Momentum," *Japan Times*, March 11, 2016, http://www.japantimes.co.jp/news/2016/03/11/national/not-japans-anti-nuclear-movement-fights-regain-momentum/#.WVBl5RP1Akg。

## 第十二章 用设计来防灾

178 有一座水坝几乎垮塌:Kenneth Reich, " '71 Valley Quake a Brush with Catastrophe," *Los Angeles Times*, February 4, 1996, http://articles.latimes.com/1996-02-04/news/mn-32287_1_san-fernando-quake。

181 我们拍摄了一部小电影作为它的摘要："Preparedness Now, the Great California Shakeout," https://www.youtube.com/watch?v=8Z5ckzem7uA。

181 我们的故事从地震前的10分钟说起：Suzanne Perry, Dale Cox, Lucile Jones, Richard Bernknopf, James Goltz, Kenneth Hudnut, Dennis Mileti, Daniel Ponti, Keith Porter, Michael Reichle, Hope Seligson, Kimberly Shoaf, Jerry Treiman, and Anne Wein, *The ShakeOut Earthquake Scenario—a Story That Southern Californians Are Writing*, U.S. Geological Survey Circular 1324 and California Geological Survey Special Report 207（2008）, http://pubs.usgs.gov/circ/1324/。

184 "如果巨型地震在短短几年之内就发生"：Editorial Board, "The Mayor and Preparing for the Big One," *Los Angeles Downtown News*, December 15, 2014, http://www.ladowntownnews.com/opinion/the-mayor-and-preparing-for-the-big-one/article_24cf801a-824a-11e4-a595-1f0a5bc2e992.html。

190 20世纪初,只有14%的世界人口居于城市：*The World Population Prospects, the 2007 Revision*, United Nations Publications, www.un.org/esa/population/publications/wup2007/2007WUP_Highlights_web.pdf。

# 参考文献

下面是本书中引用的资料，你也可以用它们来更好地了解自然灾害。

Barry, John. *Rising Tide: The Great Misissippi Flood of 1927 and How It Changed America*. New York: Simon and Schuster, 2007.

Birch, Eugenie, and Susan Wachter. *Rebuilding Urban Places After Disaster*. Philadephia: University of Pennsylvania Press, 2006.

Brewer, William H. *Up and Down California in 1860 —1864*. Edited by Francis Farquhar. New Haven, CT: Yale University Press, 1930. Available online at http://www.yosemite.ca.us/library/up_and_down_california/.

Byock, Jesse. *Viking Age Iceland*. London: Penguin Books, 2001.

Carnota, John Smith Athelstane, Conde da. *The Marquis of Pombal*. London: Longmans, Green, Reader and Dyer, 1871.

Honoré, Rusel L. *Survival*. New York: Atria Books, 2009.

Hough, Susan. *Earth Shaking Science*: *What We Know（and Don't Know）About Earthquakes*. Princeton, NJ: Princeton University Press, 2002.

Jones, Lucile M, Richard Bernknopf, Dale Cox, James Goltz, Kenneth Hudnut, Dennis Mileti, Suzanne Perry, et al. *The ShakeOut Scenario*. U.S. Geological Survey Open-File Report 2008 —1150 and California Geological Survey Preliminary Report 25, 2008. http://pubs.usgs.gov/of/2008/1150/.

Jordan, Thomas. "Lessons of L'Aquila for Operational Earthquake Forecasting." *Seismological Research Letters* 84, no. 1（2013）: 4—7.

Meyer, Robert, and Howard Kunreuther. *The Ostrich Paradox: Why We Underprepare for Disasters*. Philadelphia: Wharton Digital Press, 2017.

Mileti, Dennis. *Resilience by Design*: *A Reassessment of Natural Hazards in the United States*. Washington, DC: Joseph Henry Press, 1999.

National Research Council. *Living on an Active Earth*. Washington, DC: The National Academies Press, 2003.

Perry, Suzanne, Dale Cox, Lucile Jones, Richard Bernknopf, James Goltz, Kenneth Hudnut, Dennis Mileti, et al. *The ShakeOut Earthquake Scenario: A Story That Southern Californians Are Writing*. U.S. Geological Survey Circular 1324 and California Geological Survey Special Report 207, 2008. http:/pubs.usgs.gov/circ/1324/.

Pliny the Elder. *Complete Works*. Translated by John Bostock. Hastings, East

Sussex, UK: Delphi Publishing, Ltd, 2015.

Pliny the Younger. "Letter LXV," *The Harvard Classics*, IX, Part 4. Edited by Charles W. Eliot. New York: Bartleby: 1909.

Porter, Keith, Anne Wein, Charles Alpers, Allan Baez, Patrick L. Barnard, James Carter, Alessandra Corsi, et al. *Overview of the ARkStorm Scenario*. U.S. Geological Survey Open-File Report 2010—1312, 2011.

Scherman, Katherine. *Daughter of Fire*: *A Portrait of Iceland*. Boston: Little, Brown and Co., 1976.

Steingrimsson, Jon. *Fires of the Earth: The Laki Eruption, 1783—1784*. Translated by Keneva Kunz. Reykjavík: University of Iceland Press, 1998.

Wang, Kelin, Qi-Fu Chen, Shihong Sun, and Andong Wang. "Predicting the 1975 Haicheng Earthquake." *Bulletin of the Seismological Society of America* 96, no. 3 (June 2006): 757—795.

Witze, Alexandra, and Jeff Kanipe. *Island on Fire*. New York: Pegasus Books, 2014.

**图书在版编目(CIP)数据**

大灾变:自然灾害下我们如何生存/(美)露西·琼斯著;高天羽译.—上海:上海科技教育出版社,2021.7(2022.9重印)

(哲人石丛书.当代科普名著系列)

书名原文:The Big Ones: How Natural Disasters Have Shaped Us(and What We Can Do About Them)

ISBN 978-7-5428-7513-6

Ⅰ.①大… Ⅱ.①露… ②高… Ⅲ.①自然灾害—历史—世界 Ⅳ.①X431

中国版本图书馆CIP数据核字(2021)第090968号

责任编辑 王 洋
装帧设计 李梦雪

地图由中华地图学社授权使用,地图著作权归中华地图学社所有

**DA ZAIBIAN**
大灾变——自然灾害下我们如何生存
[美]露西·琼斯 著
高天羽 译

出版发行 上海科技教育出版社有限公司
      (上海市闵行区号景路159弄A座8楼 邮政编码201101)
网 址 www.sste.com www.ewen.co
经 销 各地新华书店
印 刷 常熟市文化印刷有限公司
开 本 720×1000 1/16
印 张 14.25
版 次 2021年7月第1版
印 次 2022年9月第2次印刷
审 图 号 GS(2021)3899号
书 号 ISBN 978-7-5428-7513-6/N·1123
图 字 09-2019-011号
定 价 52.00元